Mathematisches Unterrichtswerk

GAMMA

von
Jürgen Hayen, Oldenburg
Hans-Joachim Vollrath, Würzburg
Ingo Weidig, Landau

GAMMA 6
Arbeitsheft

Bearbeitet von
J. Peter Böhmer, Emden
Marion Christoph, Vechelde
Helga Dräger, Bremen
Karl-Heinz Hülswitt, Essen
Wilfried Schlake, Oldenburg
Heinz Schwartze, Gießen
unter Mitarbeit der
Verlagsredaktion Mathematik

Ernst Klett Stuttgart

Inhaltsverzeichnis

Erklärung der Differenzierungszeichen:

5 Fundamentum
•**6** Erweiterung
•c) Teilaufgabe in der Erweiterung
⑧ Zusatzstoff im Fundamentum
°⑨ Zusatzstoff in der Erweiterung

I Teilbarkeit

1 Teiler und Teilermengen

1 Ergänze folgende Tabellen:

a)

	30	45	80	90
6 ist Teiler von	ja	nein		
8 ist Teiler von	nein			
10 ist Teiler von				

b)

	21	30	35	40
2 teilt	nein			
3 teilt		ja		
5 teilt				

2 Setze passend | oder ∤ ein: 2 ____ 28, 4 ____ 28, 8 ____ 28, 20 ____ 70, 3 ____ 15

3 Bestimme die Teilermengen: a) T_8 = { ____________

b) T_{14} = { ____________ } c) T_{40} = { ____________

4 Setze passend ∈ oder ∉ ein: a) 3 ∉ T_{16}, 4 ____ T_{34}, 6 ____ T_{42}, 7 ____ T_{49}

b) 7 ____ T_{56}, 8 ____ T_{58}, 9 ____ T_{63}, 5 ____ T_5, 15 ____ T_5, 1 ____ T_{17}

2 Die Teilerrelation

1 Ergänze die fehlenden Pfeile so, daß ein Pfeildiagramm für die Teilerrelation entsteht.

a)

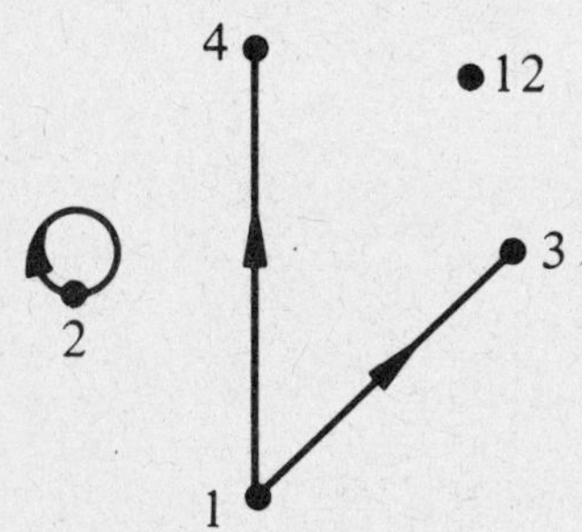

b)

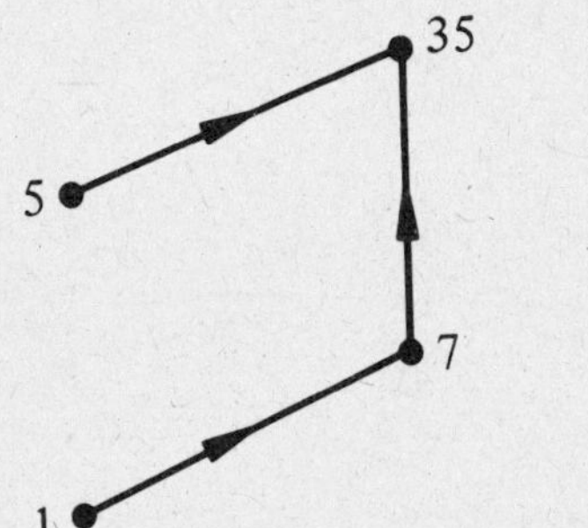

•2 Ergänze die fehlenden Zahlen so, daß ein Pfeildiagramm für die Teilerrelation in einer Teilermenge entsteht. Wie heißt die Teilermenge?

a)

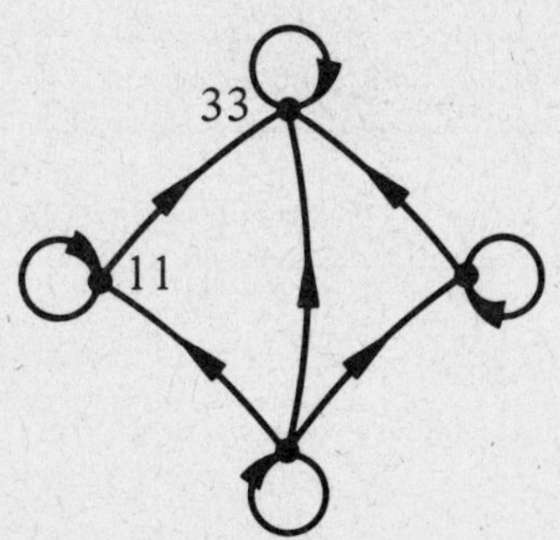

b)

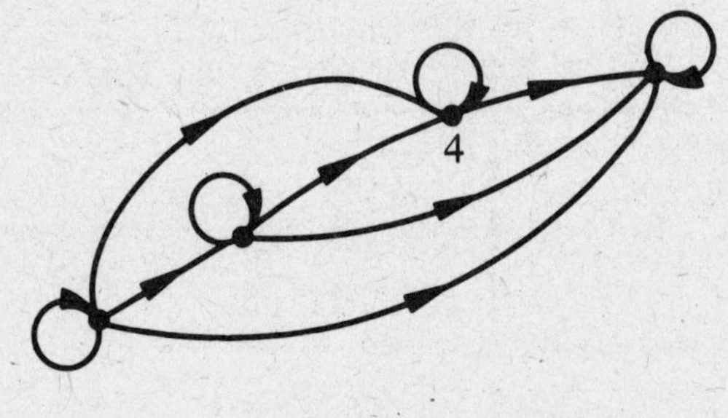

Teilermenge: ____________ Teilermenge: ____________

3 Teilbarkeit von Summe und Differenz

1 Sind die Aussagen wahr? Entscheide, ohne die Summe zu berechnen.

a) 25 | 2500 + 75 ________ b) 17 | 5100 + 30 ________ c) 22 | 88 000 + 110 ________

2 Sind die Aussagen wahr? Zerlege geschickt in eine Summe oder eine Differenz.

a) 21 | 441 ist wahr, denn 441 = 420 + 21 und 21 | 420 und 21 | 21

b) 7 | 126 ist ________, denn ________

c) 15 | 420 ist ________, denn ________

d) 8 | 98 ist ________, denn ________

e) 13 | 117 ist ________, denn ________

4 Teilbarkeitsregeln: Endstellenregeln

1 Ergänze folgende Tabelle. Benutze dazu die Teilbarkeitsregeln.

	25	32	155	460	878	1730
letzte Ziffer der Zahl	5					
teilbar durch 2	nein					
teilbar durch 5	ja					
teilbar durch 10	nein					

2 Setze passend | oder ∤ ein:

a) 2 ____ 476, 5 ____ 305, 10 ____ 370, 2 ____ 467, 5 ____ 503

b) 2 ____ 1358, 5 ____ 5551, 10 ____ 801, 2 ____ 5310, 5 ____ 5310

c) 2 ____ 6845, 5 ____ 5515, 10 ____ 1230, 2 ____ 1230, 5 ____ 1230

3 Ergänze die folgende Tabelle:

	150	520	700	625	8164	5252
die zwei letzten Ziffern sind	50					
teilbar durch 4	nein					
teilbar durch 25	ja					
teilbar durch 100						

4 Setze passend $\mid$ oder $\nmid$ ein:

a) 2 ______ 102, 4 ______ 102, 5 ______ 120

b) 2 ______ 627, 4 ______ 672, 5 ______ 825, 10 ______ 504, 25 ______ 555

c) 4 ______ 2328, 5 ______ 8501, 10 ______ 8510, 25 ______ 8500, 100 ______ 850

•5 Setze bei a) dreistellige und bei b) vierstellige Zahlen in die Tabelle ein, die die Bedingungen erfüllen:

a)				
2 teilt und 5 teilt nicht	778			
5 teilt und 2 teilt nicht	105			
2 teilt und 5 teilt	200			

b)				
4 teilt und 25 teilt nicht	1004			
25 teilt und 4 teilt nicht	1550			
4 teilt und 25 teilt	7500			

5 Teilbarkeitsregeln: Quersummenregeln

1 Ergänze folgende Tabelle:

Zahl	54	108	312	2826	4656	8754	12 345
Quersumme	9						
teilbar durch 3	ja						
teilbar durch 9	ja						

2 Trage mit ja oder nein in die Tabelle ein, ob die Zahlen die Bedingung erfüllen.

Zahl	261	162	426	5445	5546	49 860	98 765
teilbar durch 9							
teilbar durch 3							

3 Setze passend $\mid$ oder $\nmid$ ein:

a) 9 ______ 3471, 3 ______ 5304, 9 ______ 6436, 3 ______ 2333, 9 ______ 4752

b) 3 ______ 8679, 9 ______ 68 552, 3 ______ 75 864, 9 ______ 77 877, 3 ______ 54 345

4 Sortiere die Zahlen 451, 567, 726, 555, 666, 777, 5555, 6666, 8078, 12 345 678 richtig ein:

a) durch 3, aber nicht durch 9 teilbar: ______________________________

b) durch 9 teilbar: ______________________________

c) weder durch 9 noch durch 3 teilbar: ______________________________

5 Setze eine fehlende Ziffer so ein, daß eine Zahl entsteht, die durch 9 teilbar ist:

a) 783 9, 294 ___, 77 ___ 7, 71 ___ 0, 27 ___ 0, 21 ___ 6;

b) 2 2 356, 357 ___ 5, 8329 ___, 65 ___ 43, ___ 2312, 55 ___ 55.

•6 Setze jeweils eine Ziffer so ein, daß die entstandene Zahl durch 3, aber nicht durch 9 teilbar ist.

a) 2 ___ 356 oder 2 ___ 356, 537 ___ 7 oder 537 ___ 7, 85 ___ 67 oder 85 ___ 67

b) 1323 ___ oder 1323 ___, 771 ___ 86 oder 771 ___ 86, 22 ___ oder 22 ___

c) 123 ___ oder 123 ___ oder 123 ___, 77 ___ 7 oder 77 ___ 7 oder 77 ___ 7

6 Vielfache und Vielfachenmengen

1

Markiere auf dem Zahlenstrahl (soweit möglich).

a) alle Vielfachen von 3 mit rotem Stift; es sind: ___

b) alle Vielfachen von 4 mit blauem Stift; es sind: ___

c) alle Veilfachen von 5 mit grünem Stift; es sind: ___

d) alle Vielfachen von 6 mit schwarzem Stift; es sind: ___

2 a) Schreibe die ersten sechs Vielfachen von 4 (von 6, von 9) auf.

V_4 = { ___, ___, ___, ___, ___, ___, ... }

V_6 = { ___, ___, ___, ___, ___, ___, ... }

V_9 = { ___, ___, ___, ___, ___, ___, ... }

b) Von welchen Zahlen sind das die Vielfachmengen?

{ 9, 18, 27, 36, ...} = V___ ; {13, 26, 39, 52, ...} = V___

{17, 34, 51, 68, ...} = V___ ; { 1, 2, 3, 4, ...} = V___

3 Setze passend ∈ oder ∉ ein:

51 ∈ V_{17}; 17 ___ V_{17}; 15 ___ V_{65}; 3 ___ V_2; 16 ___ V_{12}

92 ___ V_{22}; 111 ___ V_{37}; 2 ___ V_8; 200 ___ V_{40}; 1 ___ V_{11}

7 Gemeinsame Teiler

1 a) Markiere auf dem Zahlenstrahl die Teiler von 42 mit rot und die Teiler von 36 mit blau.

0 5 10 15 20 25 30 35 40 45

b) Schreibe die Teilermengen in aufzählender Form:

T_{42} = {____________________} T_{36} = {____________________}

c) Notiere die Menge der gemeinsamen Teiler: {____________________}

2 Schreibe die folgenden Teilermengen in aufzählender Form und bestimme die Menge der gemeinsamen Teiler:

a) T_9 = {____________________}

T_{15} = {____________________}

Menge der gemeinsamen Teiler von 9 und 15 = {____________________}

b) T_{30} = {____________________}

T_{28} = {____________________}

Menge der gemeinsamen Teiler von 30 und 28 = {____________________}

8 Gemeinsame Vielfache

1

0 5 10 15 20 25 30 35 40 45

a) Markiere auf dem Zahlenstrahl die Vielfachen von 6 mit rot und die Vielfachen von 4 mit blau.

b) Schreibe die ersten 10 Elemente der Vielfachenmengen in aufzählender Form:

V_6 = {____________________, ...}

V_4 = {____________________, ...}

c) Bestimme die Menge der gemeinsamen Vielfachen von 6 und 4.
Menge der gemeinsamen Vielfachen von 6 und 4 = {____________________, ...}

2 Schreibe die ersten sechs Elemente der folgenden Vielfachenmengen in aufzählender Form und bestimme die Menge der gemeinsamen Vielfachen.

a)
V_{15} = {____________________, ...} V_{10} = {____________________, ...}

Menge der gemeinsamen Vielfachen von 15 und 10 = {____________________, ...}

b)
V_{20} = {____________________, ...} V_{30} = {____________________, ...}

Menge der gemeinsamen Vielfachen von 20 und 30 = {____________________, ...}

9 Der größte gemeinsame Teiler (ggT)

1 a) Markiere auf dem Zahlenstrahl die Teiler von 40 mit rot und die Teiler von 32 mit blau.

0 5 10 15 20 25 30 35 40 45

b) Schreibe die Menge der gemeinsamen Teiler in aufzählender Form.
Menge der gemeinsamen Teiler
von 40 und 32 = {____________________}

c) Wie lautet der größe gemeinsame Teiler von 40 und 32? ________________

2 Trage die fehlenden größten gemeinsamen Teiler in die Tabelle ein.

a)

ggT	7	4	12	15
3		1		
4			4	
12				3
15				

b)

ggT	4	6	15	20
4	4	2		
6			3	
12				
20				

3 Prüfe, ob die Teiler der kleineren Zahl auch Teiler der größeren Zahl sind und bestimme den größten gemeinsamen Teiler der beiden Zahlen.

a)

T_{18} = {________________} T_{24} = {________________}

größter gemeinsamer Teiler von 18 und 24 = __________

b)

T_{54} = {________________} T_{72} = {________________}

größter gemeinsamer Teiler von 54 und 72 = __________

•**4** Bestimme zunächst die Teilermenge der Differenz der beiden Zahlen. Prüfe, ob diese Teiler auch Teiler der gegebenen Zahlen sind. Bestimme so den größten gemeinsamen Teiler der beiden Zahlen.

a) Größter gemeinsamer Teiler von 133 und 112:

133 – ______ = ______ T_{21} = ________________

Es gilt: ________________________________

also ist ______ der ggT von 133 und 112.

b) Größter gemeinsamer Teiler von 243 und 135:

243 – ______ = ______ T___ = ________________

Es gilt: ________________________________

also ist ______ der ggT von 243 und 135.

10 Das kleinste gemeinsame Vielfache (kgV)

1 a) Markiere auf dem Zahlenstrahl die Vielfachen von 8 mit rot und die Vielfachen von 6 mit blau.

0 10 20 30 40 50

b) Schreibe die ersten 3 Elemente der Menge der gemeinsamen Vielfachen auf.

Menge der gemeinsamen Vielfache = {________________, ...}

c) Bestimme das kleinste gemeinsame Vielfache von 8 und 6: ________

2 Schreibe die ersten vier Elemente der Vielfachenmengen in aufzählender Form und bestimme das kleinste gemeinsame Vielfache der beiden Zahlen.

Beispiel: Gesucht ist das kleinste gemeinsame Vielfache von 18 und 27.

$V_{18} = \{18, 36, 54, 72, \ldots\}$ $V_{27} = \{27, 54, \ldots\}$

Das kleinste gemeinsame Vielfache von 18 und 27 ist also 54.

a) kleinstes gemeinsames Vielfaches von 8 und 12

V_8 = {________________, ...}

V_{12} = {________________, ...}

Das kgV von 8 und 12 ist: ________

b) kleinstes gemeinsames Vielfaches von 20 und 15

V_{20} = {________________, ...}

V_{15} = {________________, ...}

Das kgV von 20 und 15 ist: ________

c) kleinstes gemeinsames Vielfaches von 3 und 16

V_3 = {________________, ...}

V_{16} = {________________, ...}

Das kgV von 3 und 16 ist: ________

d) kleinstes gemeinsames Vielfaches von 7 und 21

V_7 = {________________, ...}

V_{21} = {________________, ...}

Das kgV von 7 und 21 ist: ________

3 Ergänze die Tabellen; bilde dazu jeweils das kleinste gemeinsame Vielfache.

a)

kgV	4	5	7	10
2				
5				
7				

b)

kgV	5	6	9
3	15		
4		12	
11			

•4 Bestimme das kleinste gemeinsame Vielfache der drei Zahlen 4, 6 und 12.

V_4 = {________________, ...}

V_6 = {________________, ...}

V_{12} = {________________, ...}

Das kleinste gemeinsame Vielfache ist ________.

11 Primzahlen

1 Ergänze folgende Tabelle:

a	21	23	25	27	29
Teiler von a	21, 7, 3, 1				
Anzahl der Teiler		2			
Primzahl ja/nein		ja			

2 Welche Primzahlen sind Teiler

a) von 24? __________

b) von 32? __________

c) von 111? __________

d) von 79? __________

12 Zerlegung von Zahlen

1 Zerlege soweit du kannst in Faktoren. Zum Beispiel 42 = 7 · 6 = 7 · 2 · 3

48 = __________

42 = __________

35 = __________

81 = __________

48 = __________

66 = __________

96 = __________

13 = __________

2 Zerlege in Primfaktoren:

42 = 2 · __________

49 = __________

62 = __________

114 = __________

128 = __________

113 = __________

3 Bestimme drei Zahlen, die
a) nur 2 und 3 als Primfaktoren haben: 2 · 3 · 3 = 18; __________
b) nur 2, 3 und 5 als Primfaktoren haben und durch 25 teilbar sind: __________

II Bruchrechnen

1 Operatoren

1 Fülle die Operatordiagramme aus.

a) 25 kg $\xrightarrow{\cdot 7}$ 175 kg b) 100 cm² $\xrightarrow{:10}$ ______ cm² c) 19 m $\xrightarrow{\cdot 2}$ ______

d) 83 m $\xrightarrow{\cdot 5}$ ______ e) 16 cm $\xrightarrow{\cdot 15}$ ______ f) 75 g $\xrightarrow{\cdot 10}$ ______

g) 120 cm² $\xrightarrow{:12}$ ______ h) 125 l $\xrightarrow{:5}$ ______ i) 13 l $\xrightarrow{\cdot 13}$ ______

2 Schreibe den Operator in anderer Form und fülle beide Diagramme aus.

a) 170 kg $\xrightarrow{:10}$ 17 kg b) 225 m $\xrightarrow{:5}$ ______ c) 154 m² $\xrightarrow{:8}$ ______

170 kg $\xrightarrow{\cdot \frac{1}{10}}$ ______ 225 m $\xrightarrow{\cdot \_\_}$ ______ 154 m² $\xrightarrow{\cdot \_\_}$ ______

d) 81 kg $\xrightarrow{\cdot \frac{1}{9}}$ ______ e) 1200 m $\xrightarrow{\cdot \frac{1}{2}}$ ______ f) 91 m² $\xrightarrow{\cdot \frac{1}{7}}$ ______

81 kg $\xrightarrow{:9}$ ______ 1200 m $\xrightarrow{:\_\_}$ ______ 91 m² $\xrightarrow{:\_\_}$ ______

3 Stelle durch ein Operatordiagramm dar und berechne.

a) $\frac{1}{4}$ von 144 DM b) $\frac{1}{3}$ von 96 kg c) $\frac{1}{5}$ von 150 l

144 DM $\xrightarrow{\cdot \frac{1}{4}}$ 36 DM ______ $\xrightarrow{\quad}$ ______ ______ $\xrightarrow{\quad}$ ______

d) $\frac{1}{6}$ von 150 l e) $\frac{1}{8}$ von 448 DM f) $\frac{1}{10}$ von 500 km

______ $\xrightarrow{\quad}$ ______ ______ $\xrightarrow{\quad}$ ______ ______ $\xrightarrow{\quad}$ ______

4 Fülle die Tabellen aus.

a) $\xrightarrow{\cdot \frac{1}{4}}$

16 m	
84 m	
	20 m
	25 m
	6 m

b) $\xrightarrow{\cdot \frac{1}{5}}$

50 DM	
	12 DM
160 DM	
	20 DM
310 m	

c) $\xrightarrow{\cdot \frac{1}{8}}$

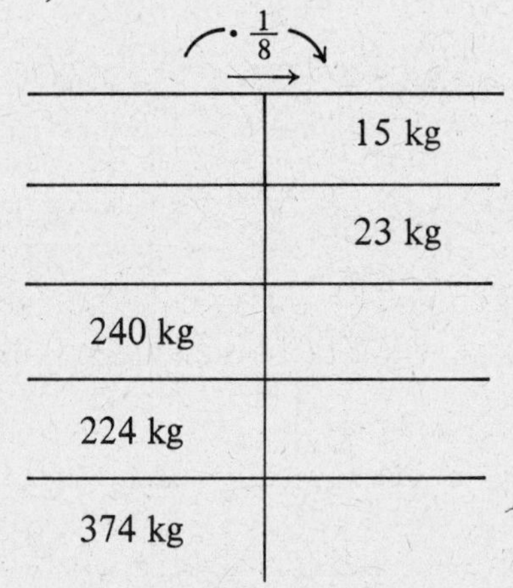

	15 kg
	23 kg
240 kg	
224 kg	
374 kg	

2 Bruchoperatoren

1 Fülle jeweils beide Diagramme aus. Verkürze dazu das erste Diagramm.

a) 15 DM $\xrightarrow{\cdot \frac{1}{3}}$ 5 DM $\xrightarrow{\cdot 2}$ 10 DM
15 DM $\xrightarrow{\cdot \frac{2}{3}}$ 10 DM

b) 28 m $\xrightarrow{\cdot \frac{1}{4}}$ ______ $\xrightarrow{\cdot 3}$ ______
28 m $\xrightarrow{\cdot \_\_}$ ______

c) 100 DM $\xrightarrow{\cdot \frac{1}{10}}$ ______ $\xrightarrow{\cdot 7}$ ______
100 DM $\xrightarrow{\cdot \_\_}$ ______

d) 48 l $\xrightarrow{\cdot \frac{1}{4}}$ ______ $\xrightarrow{\cdot 5}$ ______
48 l $\xrightarrow{\cdot \_\_}$ ______

2 Wende nacheinander zwei Operatoren an. Fülle zuerst das untere, dann das obere Diagramm aus.

a) 10 kg $\xrightarrow{\cdot \frac{3}{5}}$ ______

b) 45 km $\xrightarrow{\cdot \frac{7}{9}}$ ______

c) 10 kg $\xrightarrow{\cdot \_\_}$ ______ $\xrightarrow{\cdot \_\_}$ ______

d) 45 km $\xrightarrow{\cdot \_\_}$ ______ $\xrightarrow{\cdot \_\_}$ ______

3 Fülle die Tabelle aus.

	40 DM	160 l	200 kg	480 min
$\frac{4}{5}$ von				
$\frac{5}{4}$ von				
$\frac{3}{10}$ von				
$\frac{7}{8}$ von				

4 Bestimme einen geeigneten Bruchoperator.

a) 5 DM $\xrightarrow{\cdot \frac{1}{5}}$ 1 DM
5 DM $\xrightarrow{\cdot \frac{4}{5}}$ 4 DM

b) 10 g $\xrightarrow{\cdot \_\_}$ 1 g
10 g $\xrightarrow{\cdot \_\_}$ 7 g

c) 6 kg $\xrightarrow{\cdot \_\_}$ 1 kg
6 kg $\xrightarrow{\cdot \_\_}$ 4 kg

d) 8 kg $\xrightarrow{\cdot \_\_}$ 7 kg

e) 10 m $\xrightarrow{\cdot \_\_}$ 8 m

f) 12 l $\xrightarrow{\cdot \_\_}$ 8 l

g) 8 l $\xrightarrow{\cdot \_\_}$ 12 l

h) 18 min $\xrightarrow{\cdot \_\_}$ 14 min

i) 10 km $\xrightarrow{\cdot \_\_}$ 12 km

5 Von den 81 Schülern der sechsten Klassen wohnen $\frac{7}{9}$ am Schulort und $\frac{2}{9}$ sind Auswärtige.
Wie viele Schüler sind das jeweils?

Am Schulort:
81 Schüler $\xrightarrow{\cdot \_\_}$ ______ ;

Auswärtige:
81 Schüler $\xrightarrow{\cdot \_\_}$ ______ .

Probe: ______ Schüler + ______ Schüler = ______

3 Bruchoperator und Einheitsgröße

1 Schreibe in der angegebenen Einheit auf.

a) $\frac{1}{10}$ km = 1 km · $\frac{1}{10}$ = 1000 m · $\frac{1}{10}$ = 100 m

b) $\frac{1}{10}$ m = ______ m · ______ = ______ cm · ______ = ______ cm

c) $\frac{1}{10}$ cm = ______ cm · ______ = ______ mm · ______ = ______ mm

d) $\frac{1}{100}$ km = ______ km · ______ = ______ m · ______ = ______ m

2 Schreibe in der angegebenen Einheit auf.

a) $\frac{7}{10}$ kg = 1 kg · $\frac{7}{10}$ = 1000 g · $\frac{7}{10}$ = 700 g

b) $\frac{5}{100}$ kg = ______ kg · ______ = ______ g · ______ = ______ g

c) $\frac{3}{4}$ m = ______ m · ______ = ______ cm · ______ = ______ cm

d) $\frac{1}{2}$ km = ______ km · ______ = ______ m · ______ = ______ m

e) $\frac{1}{8}$ t = ______ t · ______ = ______ kg · ______ = ______ kg

4 Gleichheit von Bruchoperatoren

1 a) Bestimme jeweils den Operator, der der Rechtecksfläche die schraffierte Teilfläche zuordnet. Trage ihn bei dem Pfeil ein.

· $\frac{4}{6}$ → · ___ →

· ___ → · ___ →

b) Welche Operatoren haben die gleiche Wirkung? · ______ und · ______ ; · ______ und · ______

2 a) Fülle die Tabellen aus.

$\cdot \frac{4}{5}$	
60 h	48 h
180 h	

$\cdot \frac{5}{6}$	
60 h	
180 h	

$\cdot \frac{10}{12}$	
60 h	
180 h	

$\cdot \frac{12}{15}$	
60 h	
180 h	

b) Welche Operatoren haben die gleiche Wirkung? · ____ und · ____ ; · ____ und · ____

3 Berechne:

$\frac{6}{9}$ von 360 g	$\frac{8}{12}$ von 360 g	$\frac{4}{10}$ von 360 g	$\frac{2}{5}$ von 360 g	$\frac{2}{5}$ von 360 g	$\frac{3}{6}$ von 360 g
240 g					

5 Erweitern und Kürzen

1 Durch die Bruchoperatoren wird jeder Rechtecksfläche eine Teilfläche zugeordnet. Schraffiere jeweils eine geeignete Teilfläche.

a) 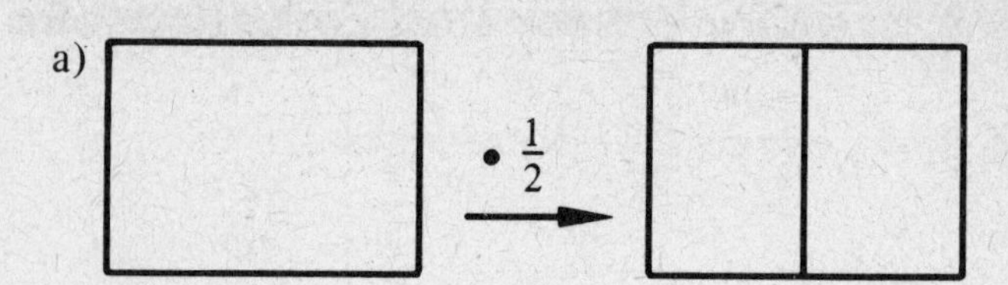

b) 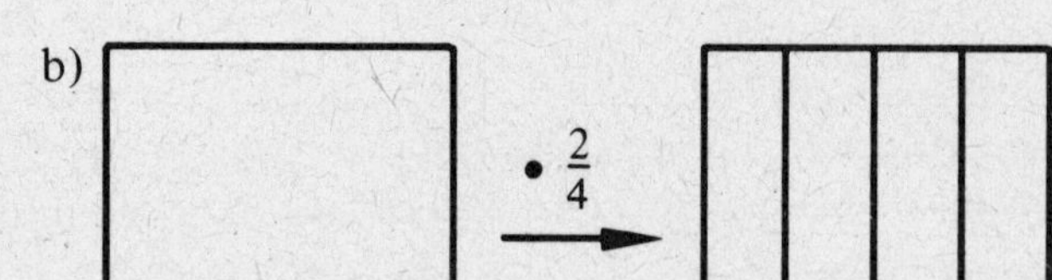

c) 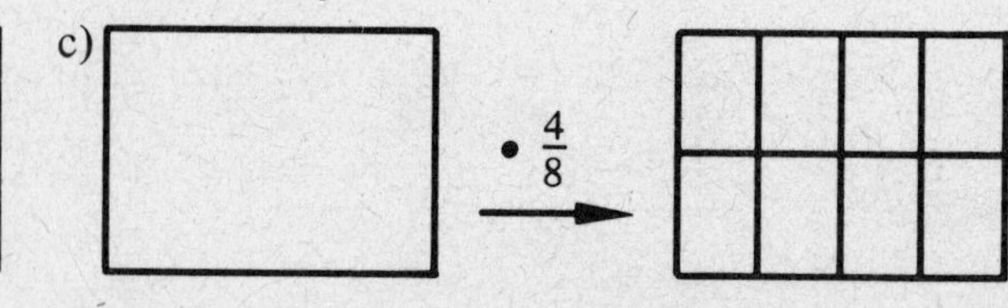

2 a)

Erweitere	mit 3	mit 5	mit 10
$\frac{2}{3}$	$\frac{6}{9}$		
$\frac{4}{7}$			
$\frac{6}{5}$			
$\frac{1}{9}$			

b)

Kürze	mit 2	mit 4	mit 6	mit 12
$\frac{12}{36}$				
$\frac{36}{72}$				
$\frac{60}{36}$				
$\frac{24}{84}$				

3 Kürze so weit wie möglich

	a) $\frac{15}{20}$	b) $\frac{18}{24}$	c) $\frac{28}{70}$	d) $\frac{8}{12}$	e) $\frac{8}{24}$	f) $\frac{8}{9}$	g) $\frac{10}{12}$	h) $\frac{21}{28}$
gekürzt	$\frac{3}{4}$							

4 Erweitere so, daß der Nenner 72 wird:

	a) $\frac{3}{4}$	b) $\frac{5}{6}$	c) $\frac{7}{24}$	d) $\frac{13}{12}$	e) $\frac{1}{3}$	f) $\frac{5}{72}$	g) $\frac{1}{8}$	h) $\frac{5}{36}$
erweitert	$\frac{54}{72}$	$\frac{\quad}{72}$	$\frac{\quad}{72}$	$\frac{\quad}{72}$	$\frac{\quad}{72}$	$\frac{\quad}{72}$	$\frac{\quad}{72}$	$\frac{\quad}{72}$

5 Erweitere so, daß der Zähler 60 wird:

	a) $\frac{10}{13}$	b) $\frac{3}{5}$	c) $\frac{30}{41}$	d) $\frac{5}{3}$	e) $\frac{12}{13}$	f) $\frac{4}{1}$	g) $\frac{6}{7}$	h) $\frac{15}{16}$
erweitert	$\frac{60}{78}$	$\frac{60}{\quad}$	$\frac{60}{\quad}$	$\frac{60}{\quad}$	$\frac{60}{\quad}$	$\frac{60}{\quad}$	$\frac{60}{\quad}$	$\frac{60}{\quad}$

6 Vervollständige und gib an, mit welcher Zahl gekürzt oder erweitert wurde.

a) $\frac{12}{15} = \frac{4}{5}$ (gek. mit 3) b) $\frac{7}{8} = \frac{28}{\quad}$ (________) c) $\frac{42}{12} = \frac{7}{\quad}$ (________)

d) $\frac{5}{12} = \frac{\quad}{72}$ (________) e) $\frac{11}{3} = \frac{110}{\quad}$ (________) f) $\frac{65}{35} = \frac{13}{\quad}$ (________)

g) $\frac{4}{144} = \frac{\quad}{36}$ (________) h) $\frac{4}{5} = \frac{\quad}{65}$ (________) i) $\frac{60}{72} = \frac{15}{\quad}$ (________)

•7 Erweitere so, daß der Nenner 64 wird. Wenn das nicht möglich ist, dann schreibe: „nicht möglich".

a) $\frac{3}{8}$ = ________ b) $\frac{1}{4}$ = ________ c) $\frac{11}{12}$ = ________ d) $\frac{5}{16}$ = ________

8 a) Erweitere **einen** der Brüche so, daß jeweils Brüche mit gleichen Nennern entstehe

ungleichnamig	$\frac{3}{8}, \frac{1}{2}$	$\frac{5}{6}, \frac{1}{12}$	$\frac{4}{5}, \frac{2}{15}$	$\frac{11}{24}, \frac{2}{3}$	$\frac{3}{2}, \frac{11}{10}$
gleichnamig	$\frac{3}{8}, \frac{4}{8}$				

b) Erweitere **beide** Brüche so, daß jeweils Brüche mit gleichen Nennern entstehen.

ungleichnamig	$\frac{2}{3}, \frac{3}{4}$	$\frac{3}{5}, \frac{1}{2}$	$\frac{2}{3}, \frac{4}{5}$	$\frac{2}{7}, \frac{1}{4}$	$\frac{3}{10}, \frac{10}{3}$	$\frac{2}{15}, \frac{1}{4}$
gleichnamig	$\frac{8}{12}, \frac{9}{12}$					

9 Mache die Brüche gleichnamig. Bestimme dazu das kleinste gemeinsame Vielfache der Nenner.

$\frac{1}{6}, \frac{1}{8}$	$\frac{5}{12}, \frac{3}{8}$	$\frac{3}{10}, \frac{7}{30}$	$\frac{4}{9}, \frac{4}{12}$	$\frac{1}{18}, \frac{1}{9}$	$\frac{9}{20}, \frac{4}{15}$	$\frac{1}{10}, \frac{1}{25}$
$\frac{4}{24}, \frac{3}{24}$						

6 Bruchzahlen

1 Welche Bruchzahlen sind am Zahlenstrahl durch Pfeile hervorgehoben?
Schreibe die Brüche unter die entsprechenden Punkte. Kürze, wenn möglich.

a)

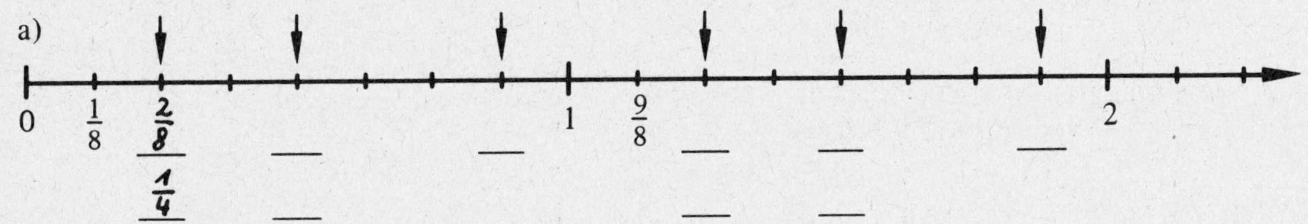

b)

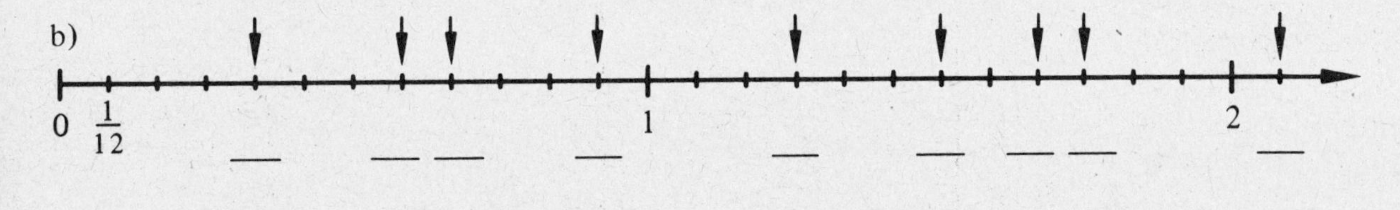

2 a) Welche Bruchzahlen sind durch die schraffierten Flächen veranschaulicht?
Schreibe jeweils den entsprechenden Bruch links neben die Figur.

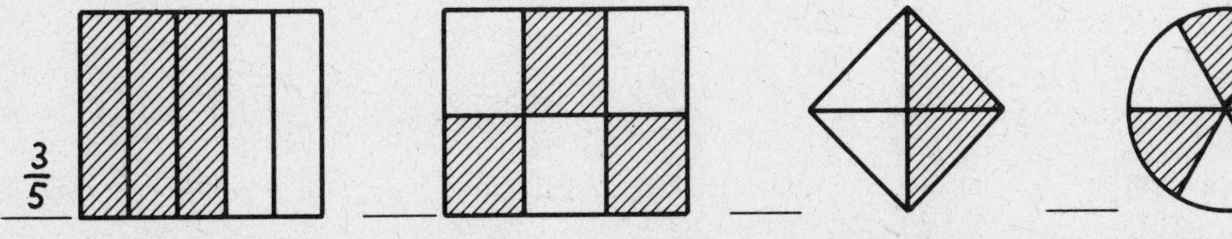

b) Stelle die angegebenen Bruchzahlen durch Schraffieren von Teilflächen dar.

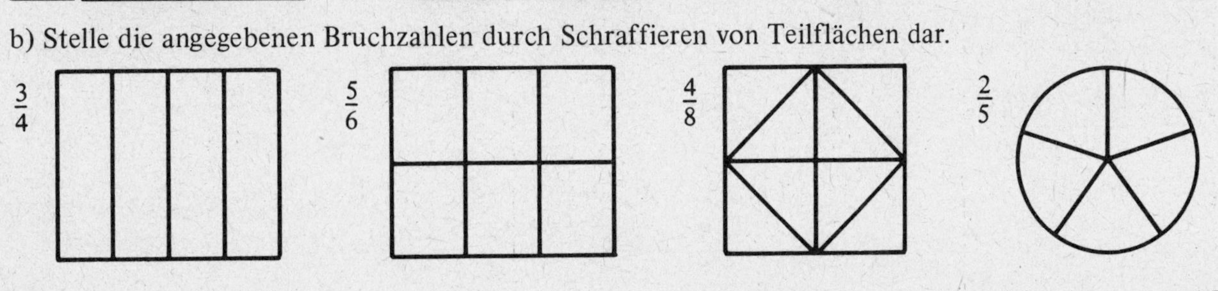

Vergleichen

1 a) In der Figur ist schon 1 l dargestellt. Stelle so auch $\frac{3}{10}$ l und $\frac{2}{5}$ l dar.
b) Aus deiner Zeichnung entnimmst du: $\frac{3}{10}$ l < $\frac{2}{5}$ l.
Setze entsprechend das passende Zeichen <, > oder = ein:

$\frac{4}{10}$ l ___ $\frac{3}{10}$ l; $\frac{4}{10}$ l ___ $\frac{3}{5}$ l;

$\frac{4}{10}$ l ___ $\frac{2}{5}$ l; $\frac{4}{10}$ l ___ $\frac{5}{10}$ l

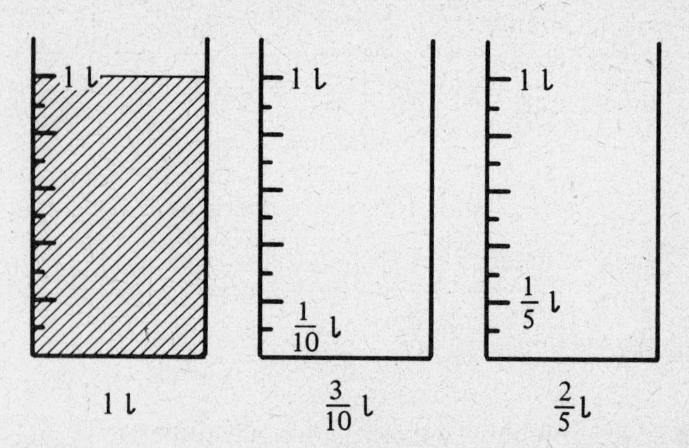

2 a) Trage folgende Brüche bei den entsprechenden Punkten auf dem Zahlenstrahl ein: $\frac{3}{8}, \frac{9}{8}, \frac{3}{4}, \frac{3}{2}, \frac{1}{2}$. Mache die Brüche zunächst gleichnamig.

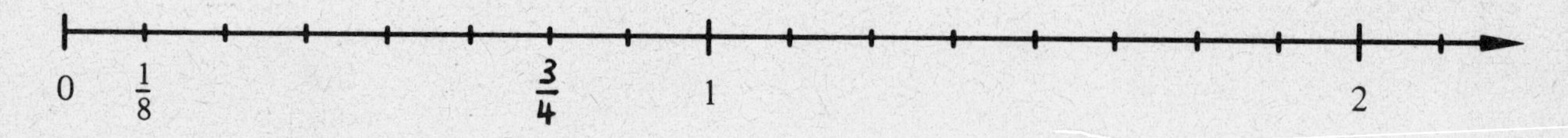

b) Schreibe die Brüche aus a) der Größe nach auf: ___ < ___ < ___ < ___ < ___

3 Vergleiche jeweils die beiden Brüche. Setze das passende Zeichen < oder >:

a) $\frac{4}{6}$ ___ $\frac{5}{6}$ b) $\frac{4}{5}$ ___ $\frac{3}{5}$ c) $\frac{11}{8}$ ___ $\frac{13}{8}$ d) $\frac{10}{9}$ ___ $\frac{12}{9}$ e) $\frac{7}{15}$ ___ $\frac{6}{15}$ f) $\frac{5}{12}$ ___ $\frac{7}{12}$

4 Ordne der Größe nach:
a) $\frac{12}{11}, \frac{7}{11}, \frac{10}{11}$ b) $\frac{6}{7}, \frac{15}{7}, \frac{4}{7}, \frac{10}{7}$ c) $\frac{13}{14}, \frac{11}{14}, \frac{10}{14}, \frac{8}{14}$

___ < ___ < ___; ___ < ___ < ___ < ___; ___ < ___ < ___ < ___

5 Vergleiche die Brüche. Mache sie dazu erst gleichnamig.

ungleichnamig	a) $\frac{2}{3}$ < $\frac{3}{4}$	b) $\frac{1}{2}$ ___ $\frac{2}{5}$	c) $\frac{9}{8}$ ___ $\frac{7}{4}$	d) $\frac{8}{12}$ ___ $\frac{2}{3}$	e) $\frac{5}{6}$ ___ $\frac{3}{4}$	f) $\frac{4}{10}$ ___ $\frac{7}{15}$
kgV der Nenner	12					
gleichnamig	$\frac{8}{12} < \frac{9}{12}$					

6 Vergleiche die Brüche. Setze <, > oder = ein:

a) $\frac{7}{10}$ ___ $\frac{11}{10}$ b) $\frac{9}{10}$ ___ $\frac{4}{5}$ c) $\frac{3}{15}$ ___ $\frac{2}{10}$ d) $\frac{5}{6}$ ___ $\frac{5}{12}$ e) $\frac{4}{8}$ ___ $\frac{3}{6}$ f) $\frac{11}{8}$ ___ $\frac{13}{8}$ g) $\frac{7}{12}$ ___ $\frac{3}{4}$

•7 Vergleiche. Forme zur Kontrolle in eine kleinere Maßeinheit um:

a) $\frac{3}{4}$ m > $\frac{2}{5}$ m b) $\frac{4}{5}$ kg ___ $\frac{3}{10}$ kg c) $\frac{1}{2}$ kg ___ $\frac{5}{8}$ kg d) $\frac{5}{4}$ km ___ $\frac{3}{2}$ km

75 cm > 40 cm ___ ___ ___

8 Vergleiche mit 1: a) $\frac{15}{16}$ ___ 1 b) $\frac{16}{15}$ ___ 1 c) $\frac{18}{23}$ ___ 1 d) $\frac{18}{18}$ ___ 1 e) $\frac{22}{20}$ ___ 1

8 Addieren und Subtrahieren gleichnamiger Brüche

1 Berechne! Kürze das Ergebnis so weit wie möglich.

a) $\frac{5}{12} + \frac{1}{12} = \frac{5+1}{12} = \frac{6}{12} = \frac{1}{2}$

b) $\frac{7}{9} - \frac{4}{9} = \frac{7-4}{9} = \frac{3}{9} = \frac{1}{3}$

c) $\frac{7}{10} + \frac{1}{10} =$ ______

d) $\frac{8}{15} + \frac{2}{15} =$ ______

e) $\frac{8}{15} - \frac{2}{15} =$ ______

f) $\frac{7}{20} - \frac{3}{20} =$ ______

g) $\frac{8}{9} + \frac{7}{9} =$ ______

h) $\frac{7}{12} - \frac{5}{12} =$ ______

i) $\frac{15}{16} - \frac{11}{16} =$ ______

k) $\frac{8}{11} + \frac{3}{11} =$ ______

2 Berechne erst die Summe, dann die Differenz aus den beiden Brüchen. Kürze wenn möglich.

a) $\frac{5}{4}, \frac{3}{4}$: $\frac{5}{4} + \frac{3}{4} = \frac{8}{4} = 2$; $\frac{5}{4} - \frac{3}{4} = \frac{2}{4} = \frac{1}{2}$

b) $\frac{15}{8}, \frac{7}{8}$: ______ ; ______

c) $\frac{13}{16}, \frac{5}{16}$: ______ ; ______

d) $\frac{11}{10}, \frac{3}{10}$: ______ ; ______

e) $\frac{3}{15}, \frac{3}{15}$: ______ ; ______

3 Addiere. Rechne möglichst im Kopf.

a) $\frac{3}{10} + \frac{5}{10} + \frac{1}{10} =$ ______

b) $\frac{4}{9} + \frac{2}{9} + \frac{8}{9} =$ ______

c) $\frac{1}{12} + \frac{3}{12} + \frac{5}{12} =$ ______

d) $\frac{3}{8} + \frac{3}{8} + \frac{3}{8} =$ ______

e) $\frac{1}{15} + \frac{2}{15} + \frac{3}{15} + \frac{4}{15} =$ ______

f) $\frac{2}{16} + \frac{4}{16} + \frac{6}{16} + \frac{8}{16} =$ ______

•4 Berechne die Summe und vergleiche sie mit 1.

a) $\frac{7}{9} + \frac{5}{9} = \frac{12}{9} = \frac{4}{3}; \quad \frac{4}{3} > 1$

b) $\frac{8}{15} + \frac{6}{15} =$ ______

c) $\frac{10}{25} + \frac{10}{25} + \frac{10}{25} =$ ______

d) $\frac{10}{13} + \frac{10}{13} =$ ______

•5 Berechne. Kürze das Ergebnis soweit wie möglich.

$(\frac{3}{8} + \frac{2}{8}) - \frac{1}{8} = \frac{5}{8} - \frac{1}{8} = \frac{4}{8} = \frac{1}{2}$

a) $(\frac{3}{10} + \frac{5}{10}) - \frac{6}{10} =$ ______

b) $(\frac{4}{7} - \frac{3}{7}) + \frac{6}{7} =$ ______

c) $(\frac{7}{12} - \frac{3}{12}) - \frac{1}{12} =$ ______

d) $\frac{7}{9} + (\frac{11}{9} - \frac{3}{9}) =$ ______

e) $\frac{7}{4} - (\frac{5}{4} - \frac{1}{4}) =$ ______

9 Addieren und Subtrahieren ungleichnamiger Brüche

1 Mache die Brüche gleichnamig und berechne ihre Summe oder Differenz.

a) $\frac{3}{4} + \frac{1}{8} = \frac{6}{8} + \frac{1}{8} = \frac{7}{8}$ b) $\frac{2}{3} + \frac{1}{9} =$ ______ c) $\frac{5}{12} - \frac{1}{3} =$ ______

d) $\frac{1}{2} + \frac{1}{12} =$ ______ e) $\frac{1}{3} - \frac{1}{4} =$ ______ f) $\frac{2}{5} + \frac{1}{2} =$ ______

g) $\frac{1}{5} + \frac{2}{3} =$ ______ h) $\frac{3}{2} - \frac{2}{7} =$ ______ i) $\frac{2}{7} - \frac{1}{14} =$ ______

k) $\frac{1}{6} + \frac{4}{3} =$ ______ l) $\frac{3}{2} - \frac{5}{6} =$ ______ m) $\frac{3}{10} + \frac{3}{5} =$ ______

2 Mache die Brüche gleichnamig und subtrahiere den kleineren von dem größeren Bruch.

a) $\frac{3}{4}, \frac{10}{12};$ $\frac{9}{12}, \frac{10}{12};$ $\frac{10}{12} - \frac{9}{12} = \frac{1}{12}$ b) $\frac{1}{5}, \frac{7}{10};$ ______

c) $\frac{2}{5}, \frac{16}{15};$ ______ d) $\frac{1}{3}, \frac{17}{30};$ ______

e) $\frac{5}{6}, \frac{26}{30};$ ______ f) $\frac{1}{2}, \frac{9}{14};$ ______

3 Bestimme den Hauptnenner (kgV der Nenner). Berechne dann die Summe oder Differenz.

	a) $\frac{1}{6} + \frac{2}{9}$	b) $\frac{3}{4} + \frac{7}{10}$	c) $\frac{5}{6} - \frac{4}{5}$	d) $\frac{7}{15} - \frac{3}{10}$
Hauptnenner	18			
Summe oder Differenz	$\frac{3}{18} + \frac{4}{18} = \frac{7}{18}$			

4 Berechne. Wenn möglich, kürze das Ergebnis.

a) $\frac{11}{20} - \frac{2}{15} = \frac{33}{60} - \frac{8}{60} = \frac{25}{60} = \frac{5}{12}$ b) $\frac{1}{6} + \frac{1}{9} =$ ______

c) $\frac{7}{12} - \frac{5}{9} =$ ______ d) $\frac{7}{8} + \frac{5}{12} =$ ______

e) $\frac{5}{4} - \frac{5}{9} =$ ______ f) $\frac{4}{5} - \frac{1}{20} =$ ______

5 Suche möglichst einfach den Hauptnenner und berechne dann die Summe.

a) $\frac{2}{3} + \frac{1}{2} + \frac{5}{6} =$ ______

b) $\frac{3}{4} + \frac{2}{3} + \frac{1}{12} =$ ______

c) $\frac{1}{2} + \frac{1}{4} + \frac{2}{3} + \frac{3}{4} =$ ______

•6 Um wieviel ist die Summe größer oder kleiner als 2?

a) $\frac{3}{4} + \frac{7}{10} = \frac{29}{20}$; $2 - \frac{29}{20} = \frac{40}{20} - \frac{29}{20} = \frac{11}{20}$; um $\frac{11}{20}$ kleiner als 2

b) $\frac{4}{7} + \frac{1}{2} =$ ______

c) $\frac{6}{5} + \frac{5}{4} =$ ______

7 Bei einem Lieferwagen ist eine Nutzlast von $\frac{3}{4}$ t zugelassen.

a) Es sollen je eine Kiste von $\frac{2}{5}$ t und $\frac{3}{10}$ t Gewicht aufgeladen werden.
Ist das zulässig?

Last: ______________________

Vergleich mit zulässiger Last:

____

Antwort: ______________________

b) Rechne Aufgabe a) zur Kontrolle in kg.

Last: ______________________

Vergleich mit dem Ergebnis in a) ______________________

8 Eine Verkehrsampel hat folgende Leuchtzeiten:

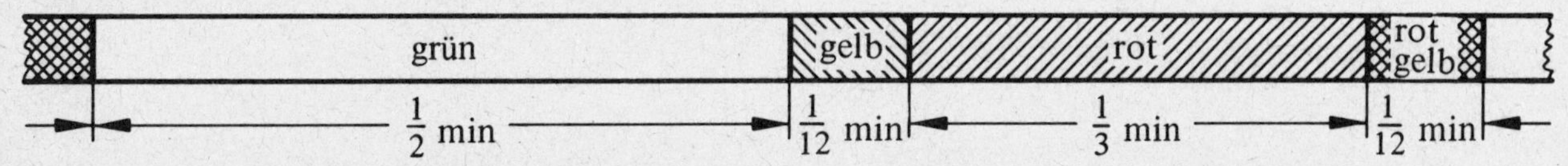

a) Gib die Leuchtzeiten in Sekunden an.
Wie lange dauert es von einem Aufleuchten des grünen Lichts bis zum nächsten Aufleuchten des grünen Lichts?

grün: ________ s gelb: ________ s

rot: ________ s rot/gelb: ________ s

Antwort: Es dauert ________ Sekunden.

b) Rechne jetzt in Minuten und vergleiche das Ergebnis mit dem Ergebnis in a).

$$\frac{1}{2}\text{ min} + \frac{1}{12}\text{ min} + \frac{1}{3}\text{ min} + \frac{1}{12}\text{ min} = \frac{\quad}{12}\text{ min} + \frac{\quad}{12}\text{ min} + \frac{\quad}{12}\text{ min} + \frac{\quad}{12}\text{ min}$$

$$= \_\_\_\_\_\_\text{ min} = \_\_\_\_\_\_\text{ s}$$

10 Gemischte Zahlen

1 Trage am Zahlenstrahl ein: $\frac{7}{5}, \frac{9}{5}, \frac{11}{5}, \frac{13}{5}, \frac{16}{5}, 2\frac{2}{5}, 1\frac{4}{5}, 3\frac{1}{5}$

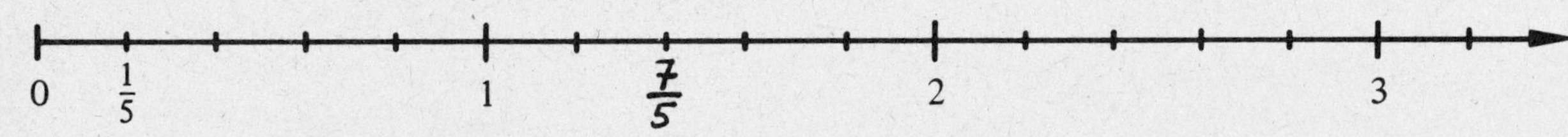

2 Verwandle in einen Bruch oder in eine gemischte Zahl.

a) $3\frac{1}{2} = 3 + \frac{1}{2} = \frac{6}{2} + \frac{1}{2} = \frac{7}{2}$

b) $\frac{9}{4} = \frac{8+1}{4} = \frac{8}{4} +$

c) $1\frac{3}{4} =$ ______________________

d) $\frac{5}{4} =$ ______________________

e) $\frac{17}{8} =$ ______________________

f) $2\frac{3}{8} =$ ______________________

g) $1\frac{5}{12} =$ ______________________

h) $\frac{19}{2} =$ ______________________

3 Rechne möglichst im Kopf.

a) $1\frac{2}{5} + 2\frac{1}{5} = 3 +$

b) $3\frac{1}{2} + 2\frac{1}{4} =$ ______________________

c) $2\frac{3}{10} + 2\frac{1}{5} =$ ______________________

d) $6\frac{3}{8} + 3\frac{1}{2} =$ ______________________

11 Vervielfachen

1 Schreibe als Produkt und berechne dann:

a) $\frac{2}{9}+\frac{2}{9}+\frac{2}{9}+\frac{2}{9}=$ $\frac{2}{9}\cdot 4=\frac{8}{9}$ b) $\frac{4}{5}+\frac{4}{5}+\frac{4}{5}=$ ______

c) $\frac{3}{7}+\frac{3}{7}+\frac{3}{7}+\frac{3}{7}=$ ______ d) $\frac{6}{11}+\frac{6}{11}+\frac{6}{11}=$ ______

e) $\frac{3}{10}+\frac{3}{10}+\frac{3}{10}+\frac{3}{10}=$ ______ f) $\frac{5}{12}+\frac{5}{12}+\frac{5}{12}+\frac{5}{12}=$ ______

2 Wenn möglich, kürze vor der Ausrechnung. Bei größeren Zahlen kannst du auch eine schriftliche Zwischenrechnung machen.

a) $\frac{2}{25}\cdot 10=$ $\frac{2\cdot 10}{25}=\frac{2\cdot 2}{5}=\frac{4}{5}$ b) $\frac{3}{20}\cdot 6=$ ______

c) $\frac{5}{12}\cdot 2=$ ______ d) $\frac{4}{15}\cdot 4=$ ______

e) $\frac{4}{7}\cdot 6=$ ______ f) $\frac{5}{9}\cdot 15=$ ______

3 Rechne so einfach wie möglich. Wenn es geht, schreibe das Ergebnis als gemischte Zahl.

a) $\frac{3}{8}\cdot 5=$ ______ b) $\frac{5}{12}\cdot 8=$ ______ c) $\frac{7}{10}\cdot 3=$ ______

d) $\frac{5}{6}\cdot 9=$ ______ e) $\frac{4}{9}\cdot 6=$ ______ f) $\frac{3}{8}\cdot 24=$ ______

g) $\frac{3}{5}\cdot 17=$ ______ h) $\frac{2}{9}\cdot 9=$ ______ i) $\frac{7}{17}\cdot 34=$ ______

•k) $\frac{5}{3}\cdot 4=$ ______ •l) $\frac{19}{3}\cdot 6=$ ______ •m) $\frac{37}{111}\cdot 37=$ ______

4 Ergänze die Operatordiagramme:

a) $\frac{4}{5}$ m $\xrightarrow{\cdot 10}$ ______ b) $\frac{7}{4}$ kg $\xrightarrow{\cdot 8}$ ______ c) $\frac{4}{3}$ h $\xrightarrow{\cdot 10}$ ______ d) $\frac{7}{10}$ l $\xrightarrow{\cdot 10}$ ______

10 m $\xrightarrow{\cdot \frac{4}{5}}$ ______ 8 kg $\xrightarrow{\cdot \frac{7}{4}}$ ______ 10 h $\xrightarrow{\cdot \frac{4}{3}}$ ______ 10 l $\xrightarrow{\cdot \frac{7}{10}}$ ______

5 Welcher Bruch wurde vervielfacht? Setze ihn in das Operatordiagramm ein.

$\frac{2}{3}$ $\xrightarrow{\cdot 5}$ $\frac{10}{3}$ a) ___ $\xrightarrow{\cdot 3}$ $\frac{15}{16}$ b) ___ $\xrightarrow{\cdot 5}$ $\frac{12}{5}$ c) ___ $\xrightarrow{\cdot 4}$ $\frac{8}{15}$

d) ___ $\xrightarrow{\cdot 10}$ $\frac{20}{9}$ e) ___ $\xrightarrow{\cdot 7}$ $\frac{14}{15}$ f) ___ $\xrightarrow{\cdot 5}$ $1\frac{1}{4}$ g) ___ $\xrightarrow{\cdot 4}$ 1

6 Elke wohnt $\frac{5}{4}$ km von der Schule entfernt. Wieviel km legt sie auf ihrem Schulweg in einem Monat
a) mit 18 Schultagen,
b) mit 21 Schultagen zurück?
Beachte, wie oft sie den Weg **täglich** zurücklegt.

Zu a): ______

______

Zu b): ______

______

12 Teilen

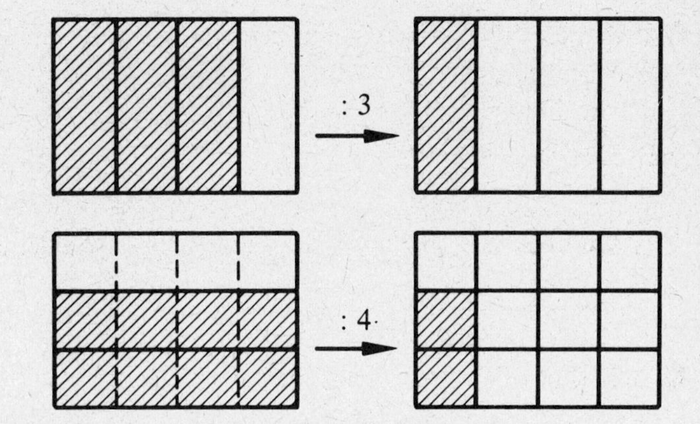

1 a) In der Zeichnung ist die Rechnung $\frac{3}{4} : 3$ dargestellt. Was ergibt sich?

$\frac{3}{4} : 3 =$ ______

b) Hier ist die Rechnung $\frac{2}{3} : 4$ dargestellt. Was ergibt sich?

$\frac{2}{3} : 4 =$ ______

2 Berechne:

a) $\frac{8}{9} : 4 = \frac{8:4}{9} = \frac{2}{9}$ b) $\frac{12}{13} : 3 =$ ______

c) $\frac{9}{11} : 3 =$ ______ d) $\frac{5}{12} : 5 =$ ______ e) $\frac{10}{7} : 5 =$ ______

f) $\frac{10}{7} : 2 =$ ______ g) $\frac{8}{3} : 8 =$ ______ h) $\frac{15}{4} : 5 =$ ______

3 Berechne:

a) $\frac{8}{5} : 3 = \frac{8}{5 \cdot 3} = \frac{8}{15}$ b) $\frac{7}{11} : 5 =$ ______

c) $\frac{2}{7} : 3 =$ ______ d) $\frac{3}{7} : 2 =$ ______ e) $\frac{9}{2} : 5 =$ ______

f) $\frac{7}{5} : 4 =$ ______ g) $\frac{4}{3} : 6 =$ ______ h) $\frac{6}{5} : 4 =$ ______

4 Berechne. Überlege zuerst, ob der Zähler durch die natürliche Zahl teilbar ist.

a) $\frac{8}{9} : 2 =$ ______ b) $\frac{3}{4} : 4 =$ ______ c) $\frac{12}{5} : 2 =$ ______ d) $\frac{1}{2} : 3 =$ ______

e) $\frac{9}{4} : 3 =$ ______ f) $\frac{3}{4} : 3 =$ ______ g) $\frac{12}{5} : 4 =$ ______ h) $\frac{1}{3} : 2 =$ ______

5 Wenn möglich, kürze vor der Ausrechnung. Bei größeren Zahlen kannst du eine schriftliche Zwischenrechnung machen.

a) $\frac{8}{9} : 12 = \frac{8}{9 \cdot 12} = \frac{2}{9 \cdot 3} = \frac{2}{27}$ b) $\frac{10}{7} : 15 =$ ______

c) $\frac{10}{3} : 6 =$ ______ d) $\frac{5}{4} : 10 =$ ______

e) $\frac{12}{5} : 10 =$ ______ f) $\frac{9}{11} : 6 =$ ______

6 Eine Lage Schreibmaschinenpapier von 50 Blatt ist 4 mm hoch.
a) Wie dick ist etwa 1 Blatt?
Gib die Dicke in hundertstel mm an.
b) Wie hoch ist ein Stoß von 1000 Blatt?

Antwort: a) Es ist ______ mm dick. b) Er ist ______ cm hoch.

13 Multiplizieren

1 a) Ina trinkt am ersten Tag ein Drittel von einer $\frac{3}{4}$ l-Flasche Saft. Wieviel l sind das?

$\frac{1}{3}$ von $\frac{3}{4}$ l $= \frac{3}{4}$ l $\cdot \frac{1}{3} = \frac{3}{4}$ l $: 3 =$ ______ l

b) Wieviel l sind übrig?

$\frac{3}{4}$ l − ______ l = ______ l

c) Am nächsten Tag trinkt sie $\frac{3}{4}$ des Restes. Wieviel l sind das?

$\frac{3}{4}$ von ______ l = ______

2 a) Wieviel ist $\frac{2}{3}$ von $\frac{4}{5}$ kg? Ergänze die Diagramme:

$\frac{4}{5}$ kg $\xrightarrow{\cdot \frac{1}{3}}$ ____ kg $\xrightarrow{\cdot \text{\_\_}}$ ____ kg

$\frac{4}{5}$ kg $\xrightarrow{\cdot \text{\_\_\_\_}}$ ____ kg

$\frac{4}{5}$ kg $\cdot \frac{2}{3} =$ ____ kg

b) Berechne ebenso: $\frac{4}{5}$ von $\frac{2}{3}$ h

______ $\longrightarrow$ ______ $\longrightarrow$ ______

______ $\longrightarrow$ ______

______

3 Berechne:

$\frac{4}{5} \cdot \frac{2}{3} = \frac{8}{15}$ a) $\frac{5}{8} \cdot \frac{3}{2} =$ ______ b) $\frac{6}{5} \cdot \frac{3}{7} =$ ______

c) $\frac{2}{3} \cdot \frac{2}{3} =$ ______ d) $\frac{2}{9} \cdot \frac{4}{3} =$ ______ e) $\frac{7}{5} \cdot \frac{2}{3} =$ ______ f) $\frac{5}{6} \cdot \frac{1}{6} =$ ______

4 Schreibe auf einen gemeinsamen Bruchstrich und kürze möglichst vor der Ausrechnung.

a) $\frac{4}{9} \cdot \frac{5}{6} = \frac{4 \cdot 5}{9 \cdot 6} = \frac{2 \cdot 5}{9 \cdot 3} = \frac{10}{27}$ $\frac{8}{3} \cdot \frac{5}{6} =$ ______

b) $\frac{4}{9} \cdot \frac{6}{5} =$ ______ $\frac{5}{12} \cdot \frac{8}{3} =$ ______

c) $\frac{3}{5} \cdot \frac{4}{9} =$ ______ $\frac{4}{15} \cdot \frac{5}{3} =$ ______

d) $\frac{9}{7} \cdot \frac{4}{3} =$ ______ $\frac{6}{5} \cdot \frac{1}{9} =$ ______

e) $\frac{4}{15} \cdot \frac{25}{6} =$ ______ $\frac{6}{20} \cdot \frac{15}{4} =$ ______

f) $\frac{8}{35} \cdot \frac{21}{4} =$ ______ $\frac{3}{5} \cdot \frac{10}{9} =$ ______

•5 Wenn nötig, kürze schrittweise. a) $\frac{12}{25} \cdot \frac{15}{8} \cdot \frac{20}{9} = \frac{12 \cdot 15 \cdot 20}{25 \cdot 8 \cdot 9} = \frac{3 \cdot 3 \cdot 20}{5 \cdot 2 \cdot 9} = \frac{3 \cdot 4}{2 \cdot 3} = 2$

b) $\frac{5}{9} \cdot \frac{6}{7} \cdot \frac{14}{25} =$ ______

c) $\frac{10}{3} \cdot \frac{9}{2} \cdot \frac{8}{15} =$ ______

d) $\frac{12}{7} \cdot \frac{5}{6} \cdot \frac{14}{15} =$ ______

e) $\frac{2}{9} \cdot \frac{15}{8} \cdot \frac{3}{10} =$ ______

6 Berechne:

a) $\frac{12}{7} \cdot \frac{2}{9} =$ ______

b) $\frac{8}{15} \cdot \frac{5}{6} =$ ______

c) $\frac{2}{3} \cdot \frac{4}{5} =$ ______

d) $\frac{7}{18} \cdot \frac{27}{4} =$ ______

e) $\frac{8}{21} \cdot \frac{7}{12} =$ ______

f) $\frac{8}{100} \cdot \frac{25}{4} =$ ______

g) $\frac{27}{8} \cdot \frac{4}{15} \cdot \frac{5}{18} =$ ______

h) $\frac{3}{2} \cdot \frac{2}{5} \cdot \frac{5}{3} =$ ______

7 Berechne möglichst im Kopf.

a) $\frac{4}{5} \cdot 3 =$ ______ b) $\frac{3}{4} \cdot \frac{5}{7} =$ ______ c) $\frac{4}{9} \cdot 3 =$ ______

$3 \cdot \frac{4}{5} =$ ______ $\frac{3}{7} \cdot \frac{5}{4} =$ ______ $\frac{4}{9} \cdot \frac{3}{8} =$ ______

d) $\frac{15}{2} \cdot \frac{7}{10} =$ ______ e) $\frac{8}{9} \cdot \frac{9}{8} =$ ______ f) $\frac{3}{8} \cdot \frac{2}{8} =$ ______

$15 \cdot \frac{7}{10} =$ ______ $8 \cdot \frac{1}{8} =$ ______ $\frac{8}{3} \cdot \frac{8}{2} =$ ______

8 Berechne:

	4 m	$\frac{1}{4}$ m	$\frac{2}{3}$ m
a) das Doppelte von			
b) die Hälfte von			
c) $\frac{3}{4}$ von			

	3kg	$\frac{2}{3}$ kg	$\frac{5}{2}$ kg
d) das 5fache von			
e) $\frac{3}{5}$ von			
f) ein Achtel von			

9 Bestimme im Kopf die fehlende Zahl und trage sie ein:

a) $\frac{2}{5} \xrightarrow{\cdot \frac{3}{2}}$ ______ b) ______ $\xrightarrow{\cdot \frac{1}{4}} \frac{3}{8}$ c) ______ $\xrightarrow{\cdot 5} \frac{10}{7}$ d) $\frac{4}{5} \xrightarrow{\cdot \text{\_\_\_\_}} \frac{12}{5}$

10 Messing ist eine Mischung aus Kupfer und Zink. Eine Messingsorte besteht zu $\frac{3}{5}$ aus Kupfer. Wieviel kg Kupfer enthält
a) 1 kg, b) 10 kg, c) $\frac{5}{4}$ kg
dieser Messingsorte?

Zu a): ______ kg Kupfer

Zu b): ______ kg Kupfer

Zu c): ______ kg Kupfer

11 Berechne:

a) $\frac{2}{3} \cdot (\frac{1}{4} + \frac{3}{2}) =$ $\frac{2}{3} \cdot \frac{1+6}{4} = \frac{2}{3} \cdot \frac{7}{4} = \frac{1 \cdot 7}{3 \cdot 2} = \frac{7}{6} = 1\frac{1}{6}$

b) $(1 - \frac{5}{6}) \cdot \frac{6}{5} =$ ______

c) $(\frac{1}{4} - \frac{1}{8}) \cdot 8 =$ ______

d) $(\frac{1}{2} + \frac{1}{3}) \cdot \frac{1}{4} =$ ______

12 Berechne:

a) $2\frac{1}{4} \cdot 5 =$ $\frac{9}{4} \cdot 5 = \frac{45}{4} = 11\frac{1}{4}$

b) $1\frac{1}{2} \cdot 3 =$ ______ c) $2 \cdot 2\frac{3}{4} =$ ______

d) $2\frac{1}{4} \cdot 3 =$ ______ e) $3 \cdot 2\frac{3}{4} =$ ______

f) $3\frac{1}{6} \cdot 4 =$ ______ g) $3 \cdot 3\frac{1}{3} =$ ______

h) $3\frac{3}{8} \cdot 4 =$ ______ i) $4 \cdot 4\frac{1}{4} =$ ______

•**13** Berechne:

a) $2\frac{1}{2} \cdot 1\frac{1}{3} =$ ______ b) $1\frac{3}{4} \cdot 1\frac{1}{5} =$ ______

c) $2\frac{1}{2} \cdot 2\frac{1}{2} =$ ______ d) $\frac{5}{6} \cdot 1\frac{4}{5} =$ ______

e) $2\frac{2}{3} \cdot \frac{9}{4} =$ ______ f) $3\frac{1}{10} \cdot \frac{10}{11} =$ ______

g) $2\frac{1}{3} \cdot 1\frac{2}{3} =$ ______ h) $4 \cdot 1\frac{1}{2} \cdot \frac{1}{2} =$ ______

14 Dividieren

1 Ein Stadtbus fährt in $\frac{3}{4}$ h von einer Endstation zur anderen und wendet dort jeweils unverzüglich. Busfahrer Maier ist 3 h lang auf dieser Linie im Einsatz.
Wie viele Fahrten macht er dabei?
Trage die weiteren Fahrten in das Bild ein und ergänze die angefangenen Rechnungen.

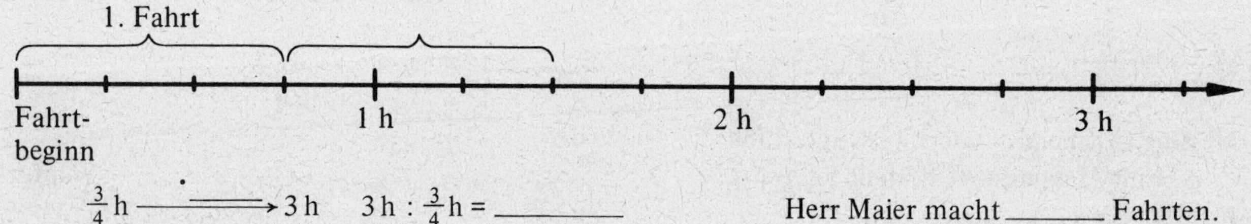

$\frac{3}{4}$ h $\xrightarrow{\cdot}$ 3 h 3 h : $\frac{3}{4}$ h = ______ Herr Maier macht ______ Fahrten.

2 Dividiere, indem du mit dem Kehrbruch mutiplizierst.

a) $\frac{3}{4} : \frac{2}{3} =$ $\frac{3}{4} \cdot \frac{3}{2} = \frac{9}{8}$ b) $\frac{2}{3} : \frac{3}{4} =$ ______ c) $\frac{2}{5} : \frac{3}{4} =$ ______

d) $10 : \frac{3}{2} =$ ______ e) $\frac{6}{5} : \frac{1}{2} =$ ______ f) $6 : \frac{5}{2} =$ ______

g) $\frac{1}{5} : \frac{3}{4} =$ ______ h) $\frac{4}{7} : \frac{3}{2} =$ ______ i) $\frac{2}{3} : \frac{2}{3} =$ ______

3 Rechne möglichst im Kopf.

a) $\frac{3}{5} : \frac{5}{2} =$ ______ b) $\frac{4}{3} : \frac{2}{3} =$ ______ c) $\frac{3}{4} : \frac{3}{5} =$ ______ d) $4 : \frac{3}{4} =$ ______

e) $\frac{1}{10} : \frac{1}{3} =$ ______ f) $\frac{5}{2} : \frac{3}{4} =$ ______ g) $8 : \frac{2}{3} =$ ______ h) $\frac{2}{3} : \frac{1}{2} =$ ______

4 Wenn möglich, kürze vor der Ausrechnung. Dazu kannst du die Brüche auf einen gemeinsamen Bruchstrich schreiben.

a) $\frac{4}{9} : \frac{2}{15} = \frac{4}{9} \cdot \frac{15}{2} = \frac{4 \cdot 15}{9 \cdot 2} = \frac{2 \cdot 5}{3 \cdot 1} = \frac{10}{3}$ b) $\frac{8}{3} : \frac{10}{9} =$ ______

c) $\frac{5}{12} : \frac{3}{8} =$ ______ d) $\frac{3}{8} : \frac{5}{12} =$ ______

e) $\frac{2}{5} : \frac{8}{7} =$ ______ f) $\frac{12}{5} : \frac{6}{5} =$ ______

g) $\frac{1}{16} : \frac{7}{12} =$ ______ h) $\frac{6}{25} : \frac{3}{10} =$ ______

i) $10 : \frac{15}{8} =$ ______ k) $6 : \frac{18}{5} =$ ______

5 Berechne auf zwei Wegen. Beispiel: 1. Weg: $\frac{3}{4} : 2 = \frac{3}{4 \cdot 2} = \frac{3}{8}$

2. Weg: $\frac{3}{4} : 2 = \frac{3}{4} \cdot \frac{1}{2} = \frac{3}{8}$

a) $\frac{5}{6} : 3 =$ ______ b) $\frac{7}{3} : 5 =$ ______ c) $\frac{9}{2} : 7 =$ ______

$\frac{5}{6} : 3 =$ ______ $\frac{7}{3} : 5 =$ ______ $\frac{9}{2} : 7 =$ ______

d) $\frac{8}{7} : 12 =$ ______ e) $\frac{6}{11} : 3 =$ ______ f) $\frac{4}{9} : 4 =$ ______

$\frac{8}{7} : 12 =$ ______ $\frac{6}{11} : 3 =$ ______ $\frac{4}{9} : 4 =$ ______

•**6** Berechne. a) $3\frac{1}{2} : 1\frac{1}{4} = \frac{7}{2} : \frac{5}{4} = \frac{7}{2} \cdot \frac{4}{5} = \frac{14}{5} = 2\frac{4}{5}$

b) $1\frac{3}{4} : 1\frac{1}{8} =$ ______ c) $2\frac{1}{4} : 1\frac{1}{2} =$ ______

d) $1\frac{1}{5} : 4\frac{1}{2} =$ ______ e) $3\frac{2}{3} : \frac{5}{6} =$ ______

7 Eine Hausfrau will von $\frac{1}{2}$ l süßer Sahne Schlagsahne machen. Wieviel Becher zu $\frac{1}{5}$ l braucht sie dazu?

____ : ____ = ______

Antwort: Sie braucht ______

8 a) Der Hotelkoch teilt Butterportionen von $\frac{1}{50}$ kg für das Frühstück ein. Er nimmt 2 Päckchen Butter zu je $\frac{1}{4}$ kg. Für wie viele Hotelgäste reicht das?

Gewicht von 2 Päckchen Butter: ______ , Anzahl der Portionen: ______

Antwort: ______

b) Rechne zur Probe in g:
Gewicht von 2 Päckchen in g: ______; $\frac{1}{50}$ kg = ______ g; Anzahl der Portionen: ______

9 Frau Krüger verbraucht am Sonntag $\frac{3}{10}$ ihres Fleischvorrats. Der Sonntagsbraten wiegt $\frac{6}{5}$ kg. Wie groß war der Fleischvorrat?

______ kg $\xrightarrow{\cdot \frac{3}{10}}$ $\frac{6}{5}$ kg

____ : ____ = ______

Antwort: ______

•15 Die Menge der Bruchzahlen

•1 Zahlenstrahl: 0, $\frac{1}{5}$, $\frac{2}{5}$, $\frac{3}{5}$, 1

Auf dem Zahlenstrahl sind die Zahlen $\frac{1}{5}, \frac{2}{5}, \frac{3}{5}$ eingetragen.
a) Bezeichne jede Zahl durch einen anderen Bruch. Erweitere dazu die Brüche.

$\frac{1}{5}$ = ________; $\frac{2}{5}$ = ________; $\frac{3}{5}$ = ________

b) Suche eine Zahl zwischen $\frac{1}{5}$ und $\frac{2}{5}$; suche eine zwischen $\frac{2}{5}$ und $\frac{3}{5}$. Bezeichne sie jeweils durch einen gekürzten Bruch.

Zwischen $\frac{1}{5}$ und $\frac{2}{5}$: ________; zwischen $\frac{2}{5}$ und $\frac{3}{5}$: ________

c) Suche eine Zahl zwischen $\frac{1}{2}$ und $\frac{3}{5}$. Mache dazu erst die Brüche gleichnamig.

Zwischen $\frac{1}{2}$ und $\frac{3}{5}$: ________

•2 Schreibe hinter die Aussage „wahr" oder „falsch":

a) $10 \in \mathbb{N}$ ________ b) $\frac{1}{10} \in \mathbb{N}$ ________ c) $\frac{1}{10} \in \mathbb{B}$ ________ d) $\frac{10}{10} \in \mathbb{N}$ ________

e) $10 \in \mathbb{B}$ ________ f) $\frac{2}{3} \in \mathbb{B}$ ________ g) $\frac{2}{3} \in \mathbb{N}$ ________ h) $0 \in \mathbb{N}$ ________

•3 Schreibe jeweils fünf Zahlen auf, die zu $\mathbb{N}$ oder zu $\mathbb{B}$ gehören:

Zu $\mathbb{N}$: ________ Zu $\mathbb{B}$: ________

•4 Berechne jeweils beide Produkte. Sind sie gleich? Schreibe ja oder nein.

a) $\frac{14}{15} \cdot \frac{10}{7}$ = ________
$\frac{10}{7} \cdot \frac{14}{15}$ = ________ gleich? ________

b) $\frac{8}{3} \cdot \frac{4}{9}$ = ________
$\frac{4}{9} \cdot \frac{8}{3}$ = ________ gleich? ________

•5 Berechne jeweils beide Produkte. Stelle fest, ob sie gleich sind.

a) $(\frac{5}{6} \cdot \frac{9}{4}) \cdot \frac{2}{3} = \frac{5 \cdot 9}{6 \cdot 4} \cdot \frac{2}{3} = \frac{15}{8} \cdot \frac{2}{3} = \frac{5}{4}$
$\frac{5}{6} \cdot (\frac{9}{4} \cdot \frac{2}{3}) = \frac{5}{6} \cdot \frac{9 \cdot 2}{4 \cdot 3} =$ gleich? ________

b) $(\frac{4}{5} \cdot \frac{3}{2}) \cdot \frac{10}{3}$ = ________
$\frac{4}{5} \cdot (\frac{3}{2} \cdot \frac{10}{3})$ = ________ gleich? ________

c) $(\frac{9}{7} \cdot \frac{1}{4}) \cdot \frac{14}{5}$ = ________
$\frac{9}{7} \cdot (\frac{1}{4} \cdot \frac{14}{5})$ = ________ gleich? ________

•6 Rechne möglichst vorteilhaft: a) $\frac{2}{7} \cdot (\frac{3}{10} + \frac{1}{5}) = \frac{2}{7} \cdot (\frac{3}{10} + \frac{2}{10}) = \frac{2}{7} \cdot \frac{1}{2} = \frac{1}{7}$;

b) $\frac{4}{3} \cdot (\frac{3}{2} - \frac{6}{5})$ = ________

c) $(\frac{3}{8} + \frac{5}{8}) \cdot \frac{7}{2}$ = ________

16 Vermischte Aufgaben

1 Ergänze die Operatordiagramme:

a) 20 kg $\xrightarrow{\cdot \frac{1}{4}}$ ______ b) 56 kg $\xrightarrow{\cdot \frac{1}{8}}$ ______ c) 42 h $\xrightarrow{\cdot \frac{5}{6}}$ ______ d) 120 s $\xrightarrow{\cdot \frac{11}{12}}$ ______

e) ______ $\xrightarrow{\cdot \frac{1}{4}}$ 25 DM f) ______ $\xrightarrow{\cdot \frac{3}{5}}$ 12 DM g) 100 l $\xrightarrow{\cdot \,\overline{}}$ 20 l h) 200 l $\xrightarrow{\cdot \,\overline{}}$ 150 l

2 a) Schreibe bei den markierten Stellen am Zahlenstrahl die entsprechende Bruchzahl.

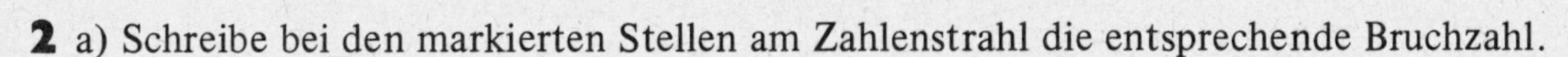

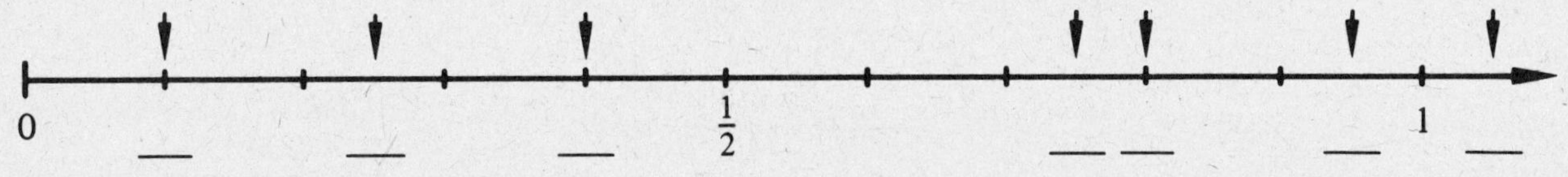

b) Trage die folgenden Bruchzahlen am Zahlenstrahl ein: $\frac{3}{12}$, $\frac{1}{3}$, $\frac{4}{3}$, $\frac{11}{12}$, $\frac{2}{3}$, $\frac{6}{12}$, $\frac{4}{6}$, $\frac{5}{6}$, $\frac{3}{2}$.

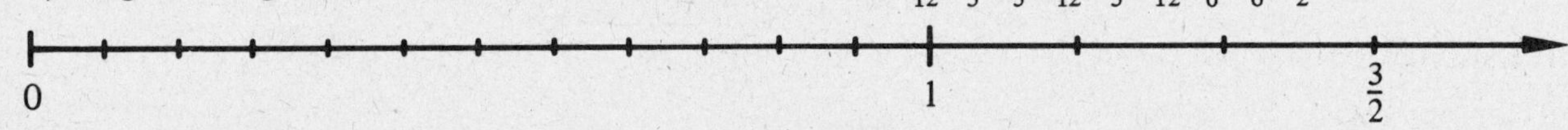

3 a) Stelle die angegebenen Bruchzahlen am Rechteck durch Schraffieren dar.

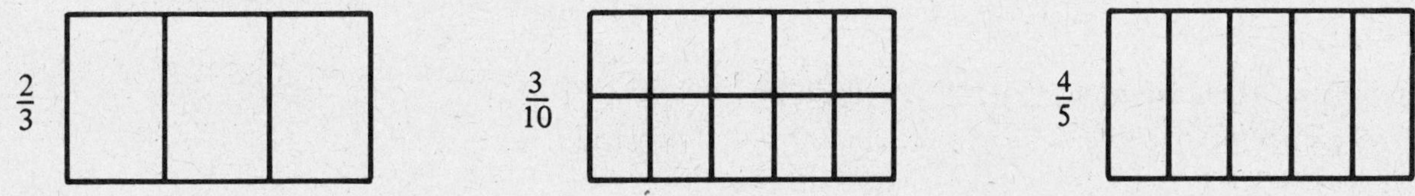

b) Stelle die Bruchzahlen am Quadrat dar. Erweitere dazu die Brüche passend.

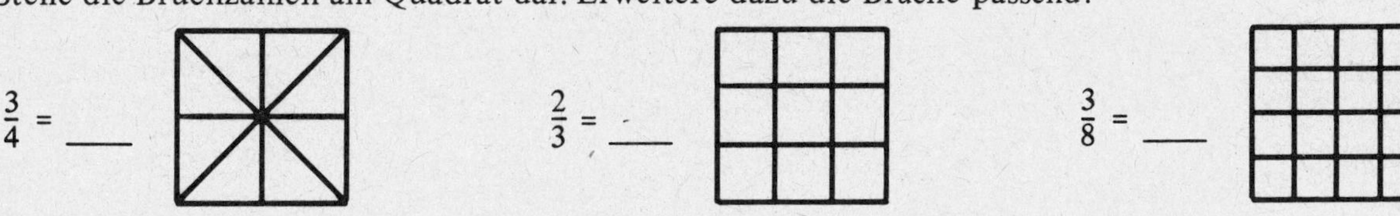

4 Erweitere: a) $\frac{3}{7} = \frac{}{21}$ b) $\frac{3}{7} = \frac{}{21}$ c) $\frac{9}{10} = \frac{}{100}$ d) $\frac{4}{7} = \frac{20}{}$ e) $\frac{3}{8} = \frac{12}{}$

5 Mit welcher Zahl wurde erweitert? a) $\frac{3}{4} = \frac{12}{16}$: mit ______

b) $\frac{3}{27} = \frac{27}{243}$: mit ______ c) $\frac{9}{18} = \frac{1}{2}$: mit ______

6 Kürze so weit wie möglich.

a) $\frac{16}{24}$ = ______ b) $\frac{18}{15}$ = ______ c) $\frac{45}{60}$ = ______ d) $\frac{22}{44}$ = ______

e) $\frac{13}{65}$ = ______ f) $\frac{24}{40}$ = ______ g) $\frac{51}{17}$ = ______ h) $\frac{78}{26}$ = ______

7 Ordne nach der Größe: a) $\frac{1}{3}, \frac{1}{7}, \frac{1}{5}, \frac{1}{2}, \frac{1}{8}$: ___ < ___ < ___ < ___ < ___

b) $\frac{7}{5}, \frac{10}{5}, \frac{3}{5}, \frac{8}{5}$: ___ < ___ < ___ < ___ c) $\frac{3}{4}, \frac{7}{6}, 1, \frac{1}{6}$: ___ < ___ < ___ < ___

8 Berechne: a) $\frac{7}{12} - \frac{5}{12}$ = ______ b) $\frac{11}{10} + \frac{1}{10}$ = ______

c) $\frac{3}{4} + \frac{7}{12}$ = ______ d) $\frac{8}{7} - \frac{1}{4}$ = ______ e) $\frac{5}{6} - \frac{8}{15}$ = ______

f) $\frac{1}{2} + \frac{1}{3} + \frac{1}{4}$ = ______ g) $\frac{1}{5} + \frac{1}{2} + \frac{3}{10} + \frac{3}{4}$ = ______

9 a) In einem Netz mit Apfelsinen sind noch vier Stück. Sie wiegen einzeln: $\frac{3}{10}$ kg, $\frac{1}{5}$ kg, $\frac{3}{10}$ kg, $\frac{2}{5}$ kg. Wie schwer sind sie zusammen?

Zu a): ____________________

Antwort: ____________________

b) Das volle Netz mit 5 Stück wog $\frac{3}{2}$ kg. Wie schwer war die fünfte Apfelsine?

Zu b): ____________________

Antwort: ____________________

10 Bei der Produktion von Autoreifen werden $\frac{1}{7}$ der produzierten Reifen zur genaueren Kontrolle aussortiert. Wie viele Reifen sind das bei einer Tagesproduktion von 1470 Reifen?

Rechnung: ____________________ Antwort: ____________________

11 a) Eine Hausfrau verbraucht in einer Woche $3\frac{1}{4}$ kg Kartoffeln. Wieviel kg verbrauchte sie durchschnittlich an einem Tag?

Rechnung: ____________________

Antwort: ____________________

•b) Die Familie besteht aus 5 Personen, die alle etwa gleich viel Kartoffeln gegessen haben. Wieviel kg Kartoffeln hat jeder von ihnen an einem Tag, in einer Woche gegessen?

pro Tag: ____________________

in der Woche: ____________________

Antwort: ____________________

12 Berechne:

a) $\frac{3}{5} : \frac{4}{3} =$ ____________________

b) $\frac{6}{7} : \frac{2}{3} =$ ____________________

c) $\frac{9}{8} : \frac{3}{4} =$ ____________________

d) $\frac{8}{15} : \frac{2}{25} =$ ____________________

e) $\frac{5}{2} : \frac{20}{3} =$ ____________________

13 Berechne:

a) $\frac{3}{2} - (\frac{2}{3} + \frac{1}{6}) = \frac{3}{2} - \frac{4+1}{6} = \frac{3}{2} - \frac{5}{6} = \frac{4}{6} = \frac{2}{3}$

b) $\frac{5}{4} - (\frac{1}{2} + \frac{3}{8}) =$ ____________________

c) $(\frac{3}{5} + \frac{3}{10}) - \frac{1}{2} =$ ____________________

d) $(\frac{4}{3} + \frac{2}{3}) - (\frac{3}{4} + \frac{1}{4}) =$ ____________________

14 Berechne:

a) $\frac{2}{5} \cdot \frac{3}{4} =$ ____________________

b) $\frac{4}{7} \cdot \frac{3}{2} =$ ____________________

c) $\frac{5}{4} \cdot \frac{1}{6} =$ ____________________

d) $\frac{3}{10} \cdot \frac{5}{6} =$ ____________________

e) $\frac{14}{9} \cdot \frac{12}{35} =$ ____________________

f) $\frac{8}{15} \cdot \frac{15}{8} =$ ____________________

g) $\frac{6}{9} : \frac{2}{5} \cdot \frac{15}{4} =$ ____________________

h) $\frac{5}{4} \cdot \frac{16}{25} \cdot \frac{5}{4} =$ ____________________

•15 Berechne:

a) $3 \cdot (\frac{2}{3} + \frac{5}{6}) = 3 \cdot \frac{9}{6} = \frac{9}{2} = 4\frac{1}{2}$

b) $4 \cdot (\frac{2}{5} + 1\frac{1}{2}) =$ ____________________

c) $\frac{2}{5} \cdot (\frac{1}{2} + \frac{3}{4}) =$ ____________________

d) $(1\frac{2}{3} + \frac{5}{6}) \cdot \frac{4}{5} =$ ____________________

e) $2 \cdot (3\frac{5}{8} - 1\frac{3}{8}) =$ ____________________

III Geometrische Abbildungen

1 Koordinaten von Punkten

1 a) Trage in das Achsenkreuz die Punkte
A = (2;4) und B = (5;1) ein.
b) Verbinde die Punkte A und B durch eine Gerade. Trage auf der Geraden AB drei weitere Punkte C, D und E ein.
c) Gib die Koordinaten von C, D, und E an:

C = (____; ____), D = (____; ____),

E = (____; ____)

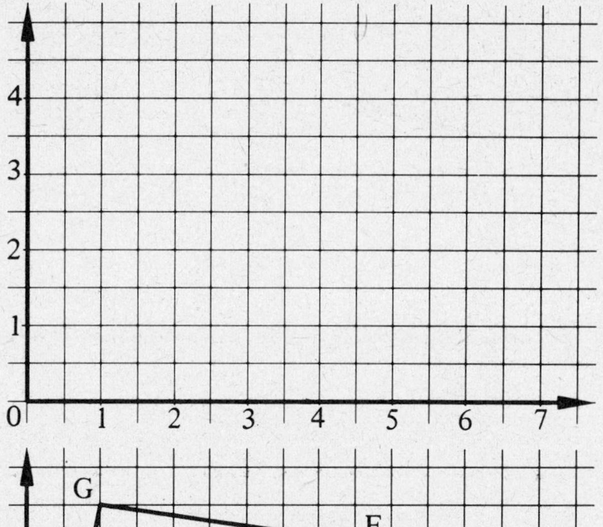

2 a) Bestimme für das Rechteck ABCD die Ecken:

A = (____; ____), B = (____; ____)

C = (____; ____), D = (____; ____)
b) Bestimme für das Dreieck EFG die Ecken:

E = (____; ____), F = (____; ____)

G = (____; ____)

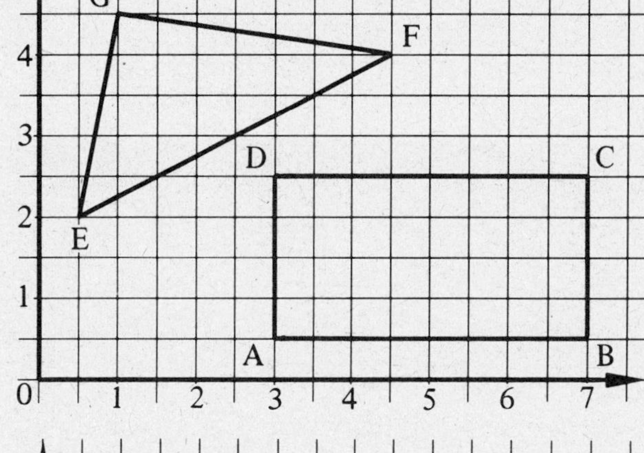

3 Ein Quadrat hat die Ecken H I K L. Davon sind nur zwei gegenüberliegende Punkte bekannt: H = (1; 1), K = (4,5; 4,5).
a) Zeichne das Quadrat HIKL.
b) Gib die Koordinaten der Punkte I und L an:

I = (____; ____), L = (____; ____)

4 a) Zeichne die Vierecke ABCD, EFGH und IKLM.
Viereck ABCD: A = (0; 0), B = (3; 0),
C = (3; 1,5), D = (0; 1,5)
Viereck EFGH: E = (0,5; 2,5), F = (2,5; 2),
G = (2,5; 4,5), H = (1,5; 4,5)
Viereck IKLM: I = (5,5; 1,5), K = (7; 3),
L = (5,5; 4,5), M = (4; 3)
b) Welches der Vierecke ist kein Rechteck? Schraffiere es.

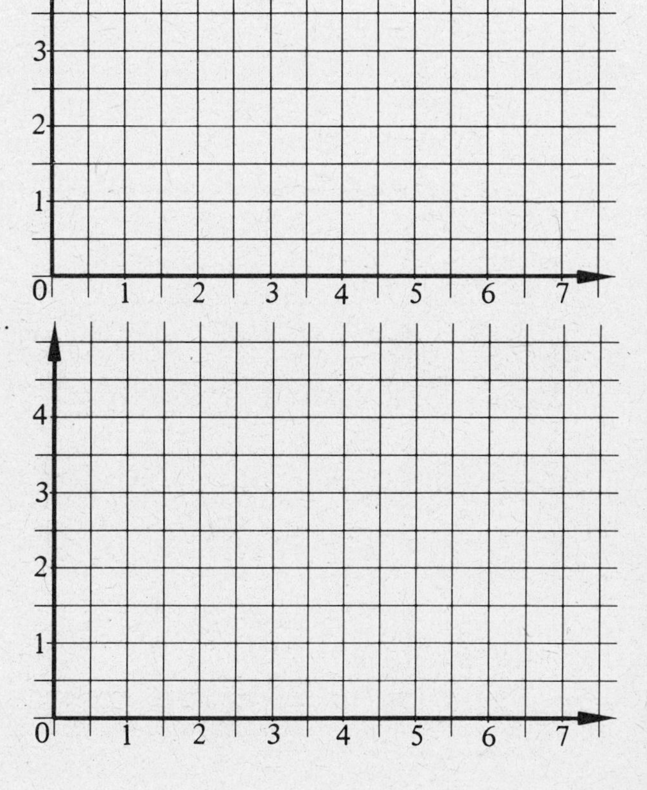

2 Achsenspiegelungen

1 Spiegele diese Figuren an der Achse mit Hilfe des Geodreiecks. Bezeichne die Bildpunkte der Ecken mit A′, B′, C′ und D′.

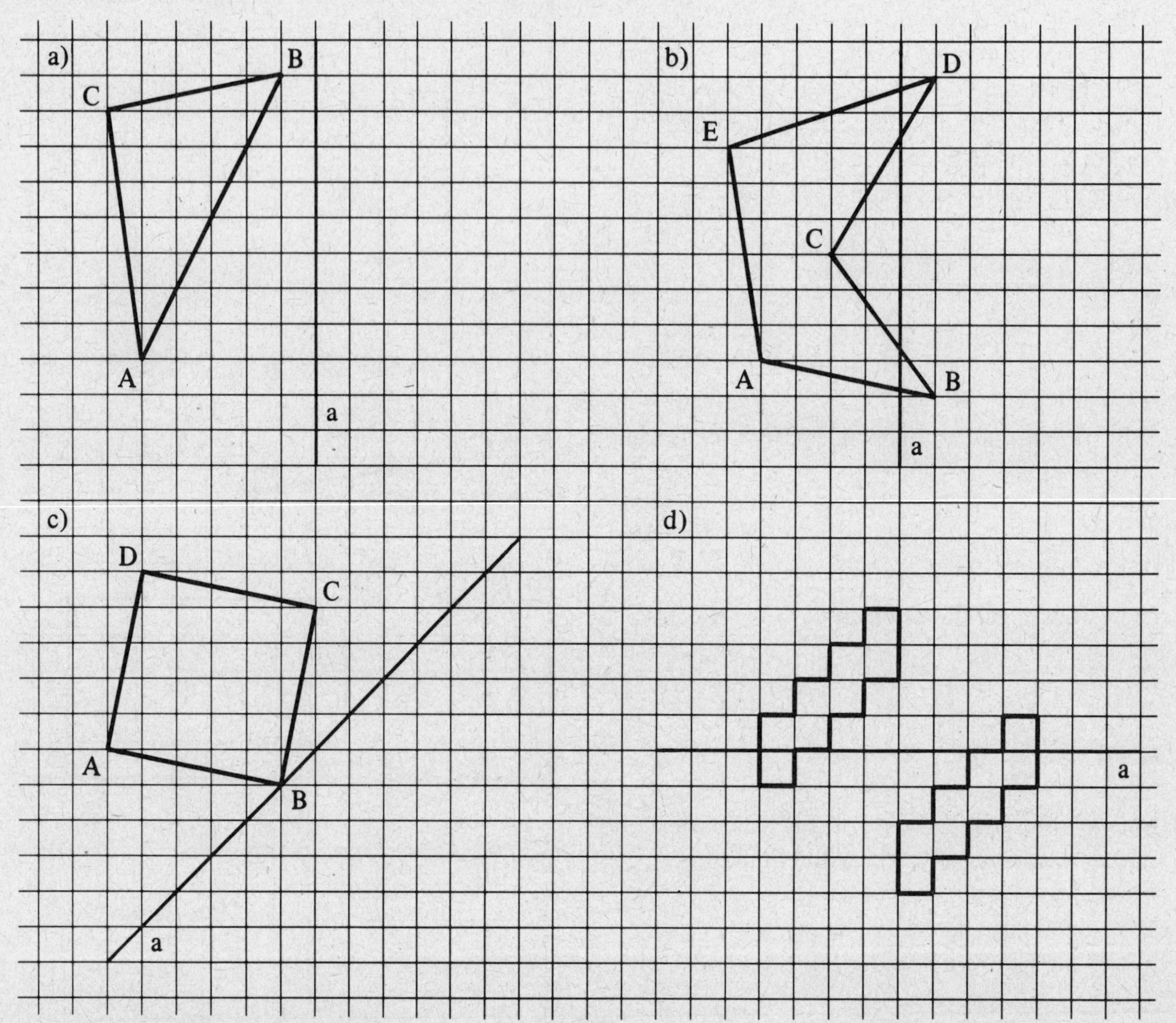

2 Zeichne jedesmal die Spiegelachse ein.

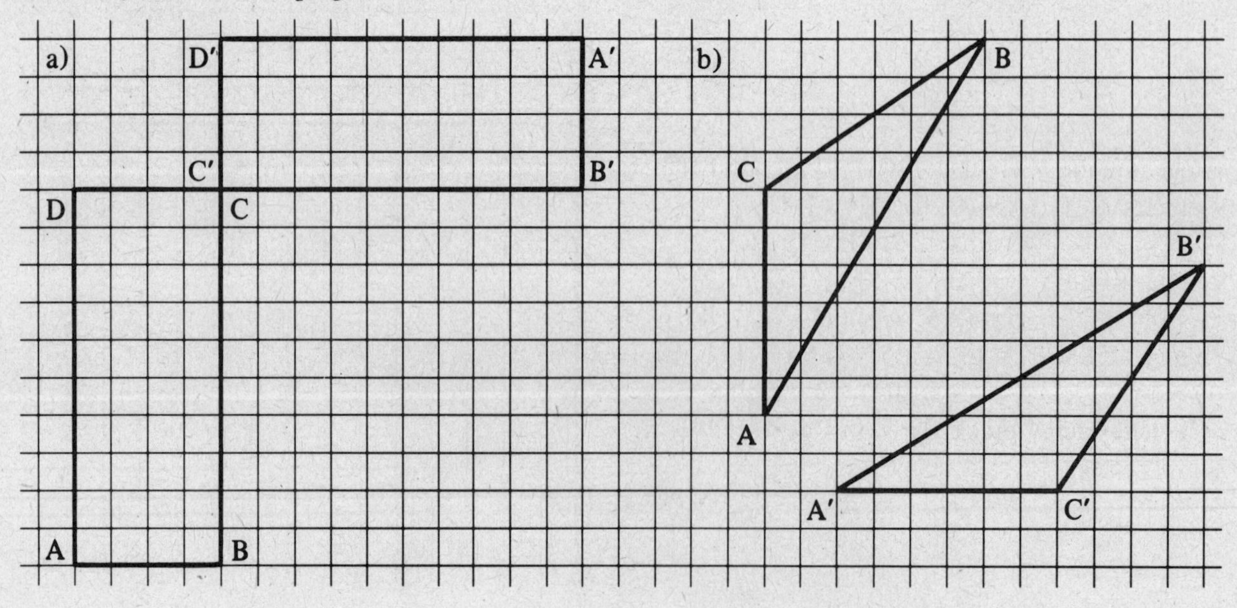

3 Zeichne eine Spiegelachse durch die Punkte R = (12; 13) und S = (0; 1). Spiegele die angegebenen Vierecke an der Achse RS. Gib die Koordinaten der Bildpunkte an.

a) A = (2; 1), B = (4; 1,5), C = (5,5; 5), D = (1,5; 4)

A′ = (____; ____), B′ = (____; ____), C′ = (____; ____), D′ = (____; ____)

b) E = (2,5; 9), F = (3,5; 11), G = (6; 11,5), H = (3; 12)

E′ = (____; ____), F′ = (____; ____), G′ = (____; ____), H′ = (____; ____)

c) I = (6; 9), K = (8; 7), L = (10,5; 9,5), M = (8,5; 11,5)

I′ = (____; ____), K′ = (____; ____), L′ = (____; ____), M′ = (____; ____)

d) N = (7; 16), O = (9,5; 14), P = (15; 16), Q = (8; 17)

N′ = (____; ____), O′ = (____; ____), P′ = (____; ____), Q′ = (____; ____)

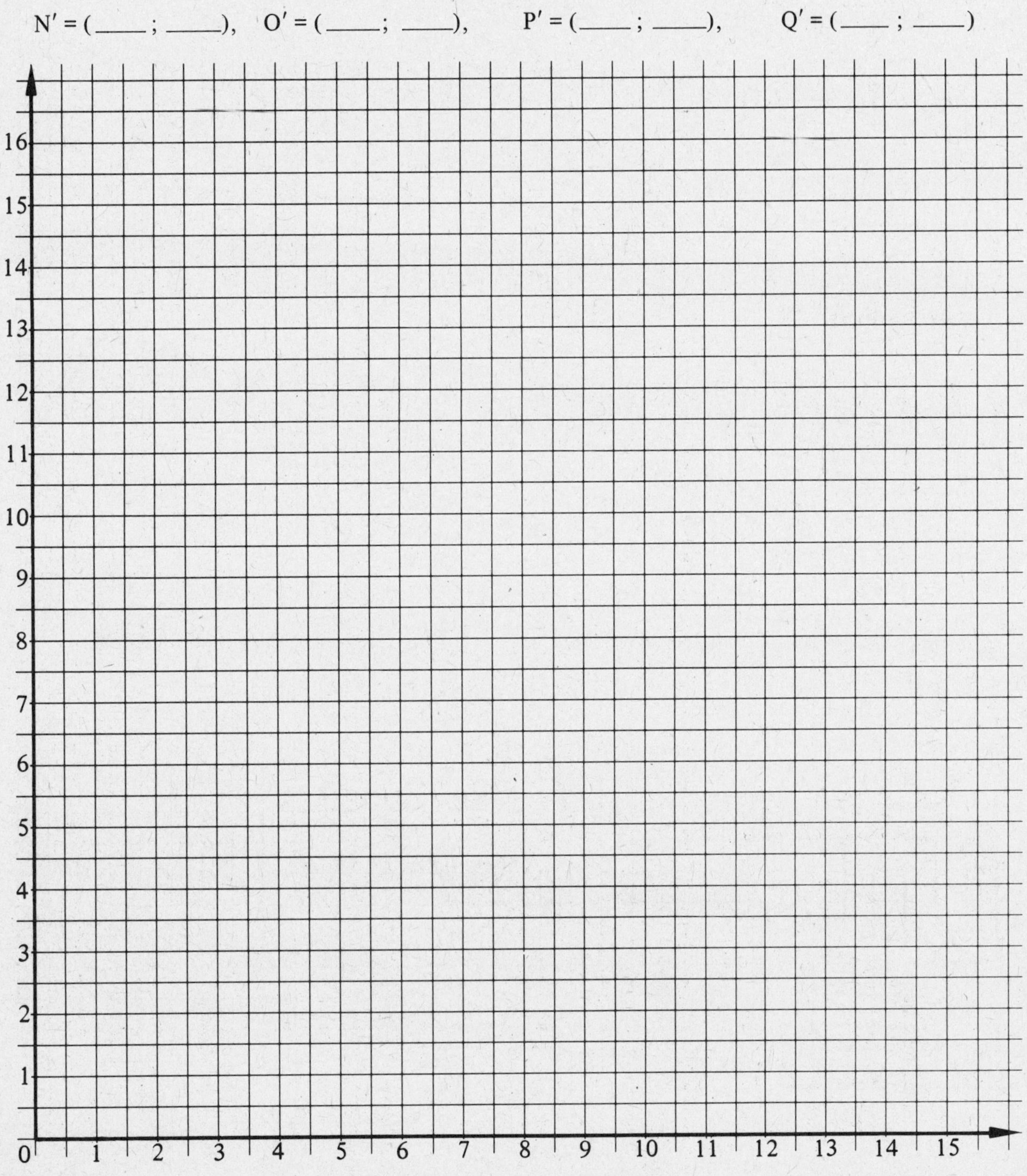

3 Verschiebungen

1 Verschiebe jede Figur so, wie es der Verschiebungspfeil angibt.

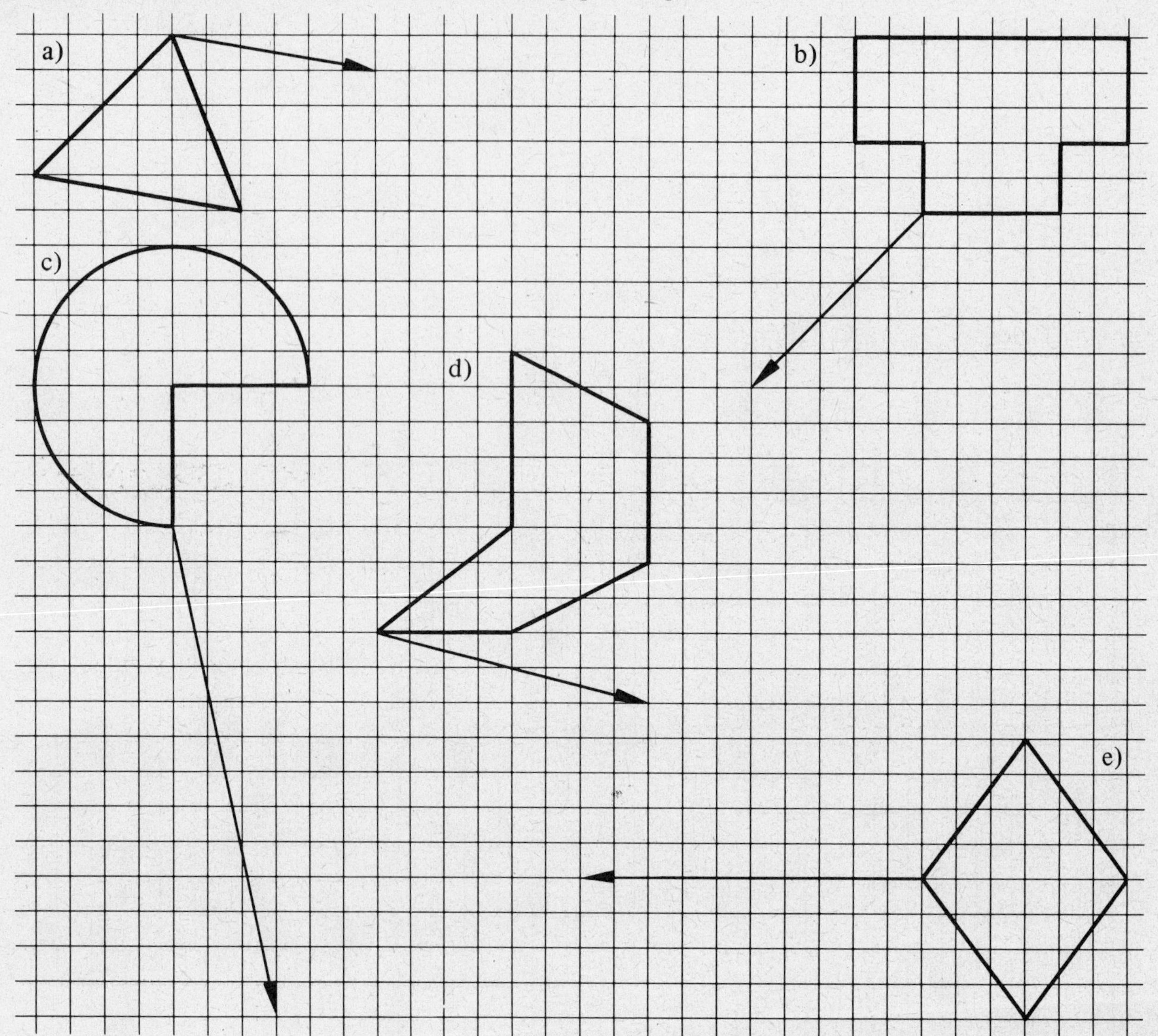

2 Erzeuge aus den Grundfiguren Bandornamente. Achte auf die Länge der Verschiebungspfeile.

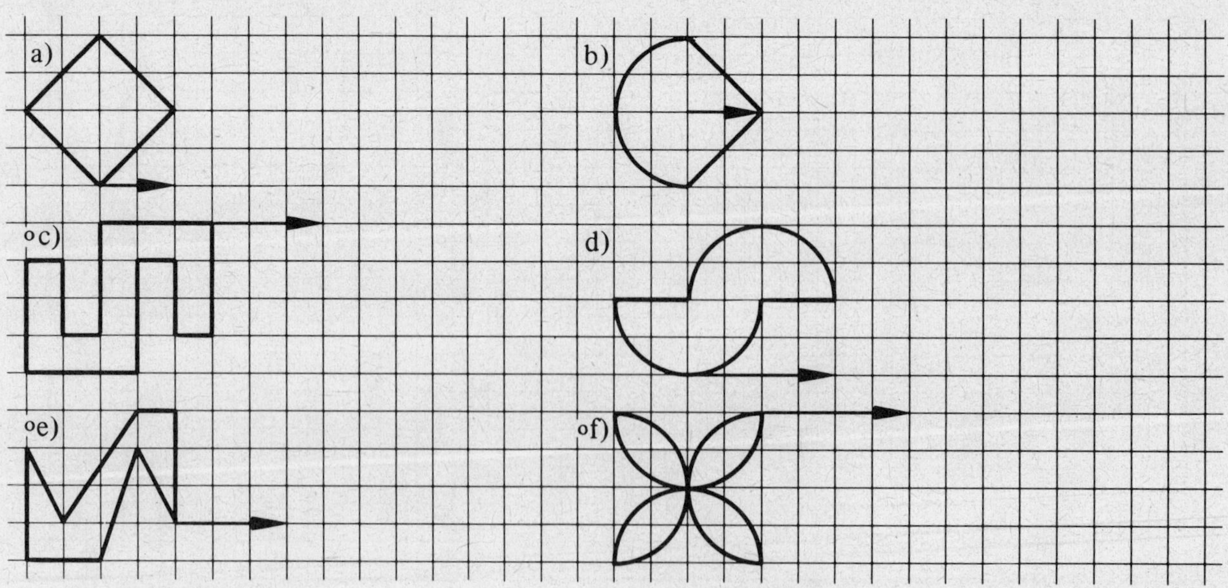

3 Zeichne die angegebenen Vierecke und bestimme ihre Bildpunkte durch Verschiebung. Ein Bildpunkt ist schon eingetragen. Zeichne dazu den Verschiebungspfeil. Gib auch die anderen Bildpunkte an.

a) A = (1,5; 3), B = (1; 1), C = (3; 0), D = (4; 1,5)

A′ = (6; 3,5), B′ = (_____; _____), C′ = (_____; _____), D′ = (_____; _____)

b) E = (12,5; 15,5), F = (14,5; 15,5), G = (16; 14,5), H = (16; 17)

E′ = (_____; _____), F′ = (8,5; 14,5), G′ = (_____; _____), H′ = (_____; _____)

c) I = (2,5; 17), K = (0; 15), L = (2,5; 12), M = (3,5; 13)

I′ = (_____; _____), K′ = (_____; _____), L′ = (5; 6), M′ = (_____; _____)

d) N = (12; 2), O = (15,5; 1,5), P = (16; 5), Q = (12,5; 5,5)

N′ = (_____; _____), O′ = (_____; _____), P′ = (_____; _____), Q′ = (10; 8)

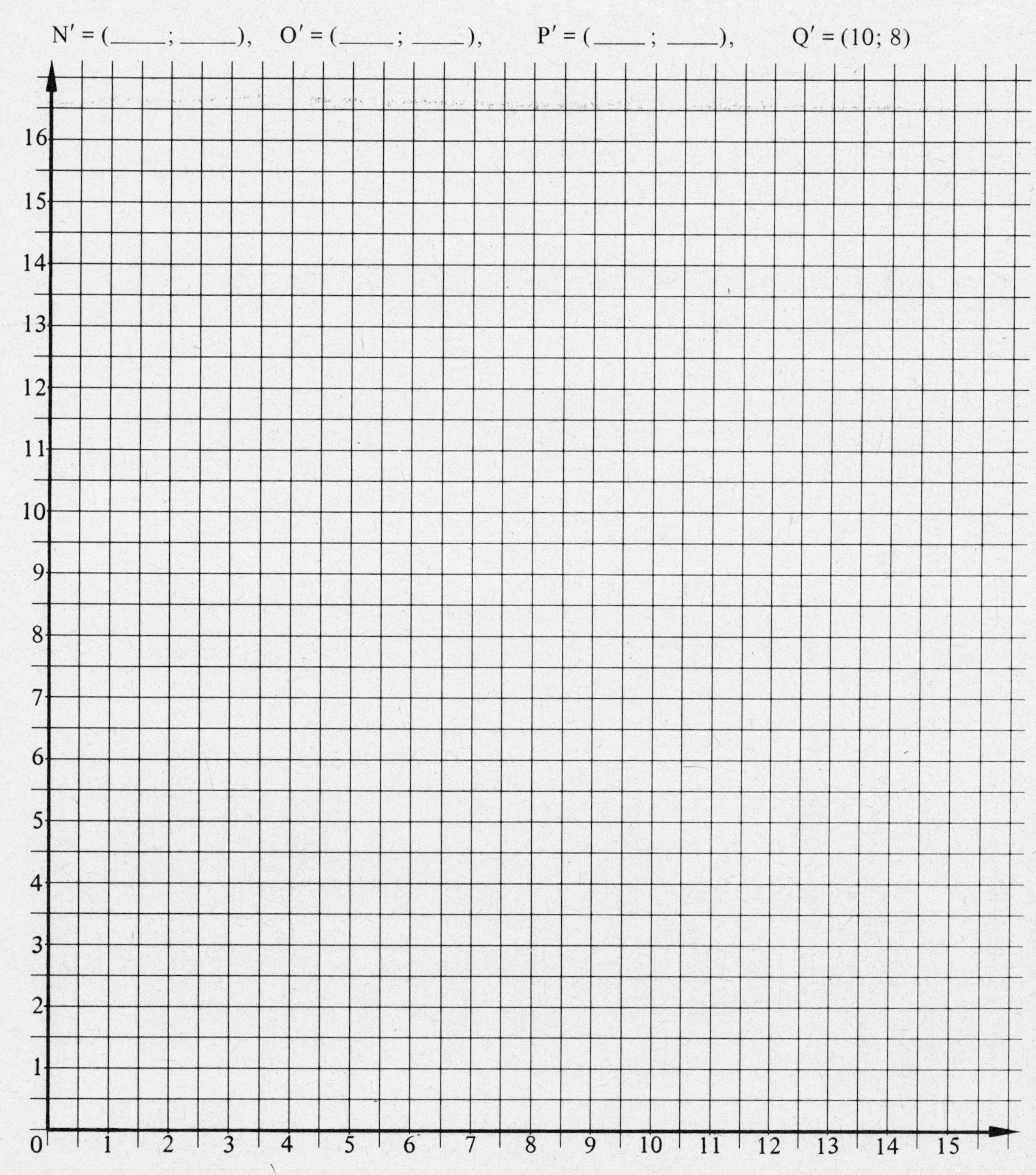

4 Drehungen

1 Bilde jede Figur nacheinander durch
a) eine Vierteldrehung, b) eine Halbdrehung, c) eine Dreivierteldrehung um Z ab.

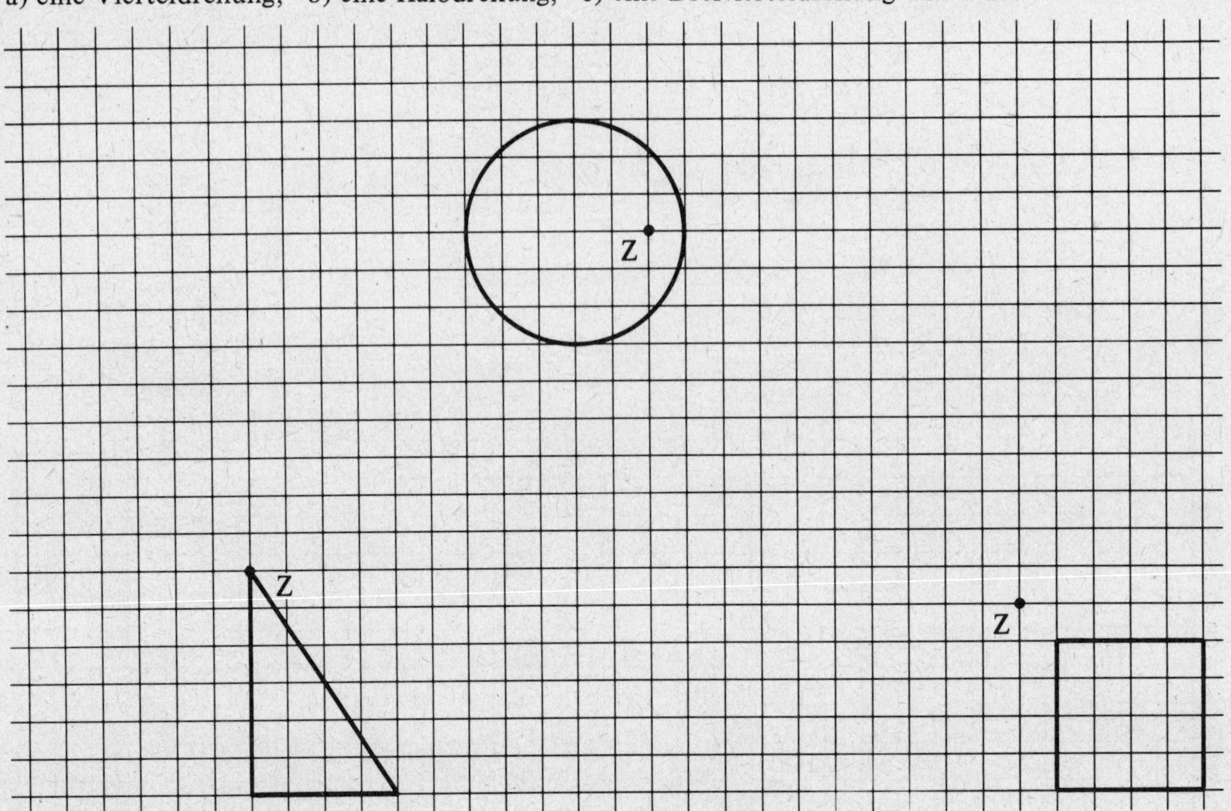

2 Zeichne ein Dreieck mit A = (5; 5), B = (2; 8), C = 0; 5). a) Bilde es durch eine Vierteldrehung um A ab. b) Bilde es dann durch eine Halbdrehung um D = (7,5; 5) ab.

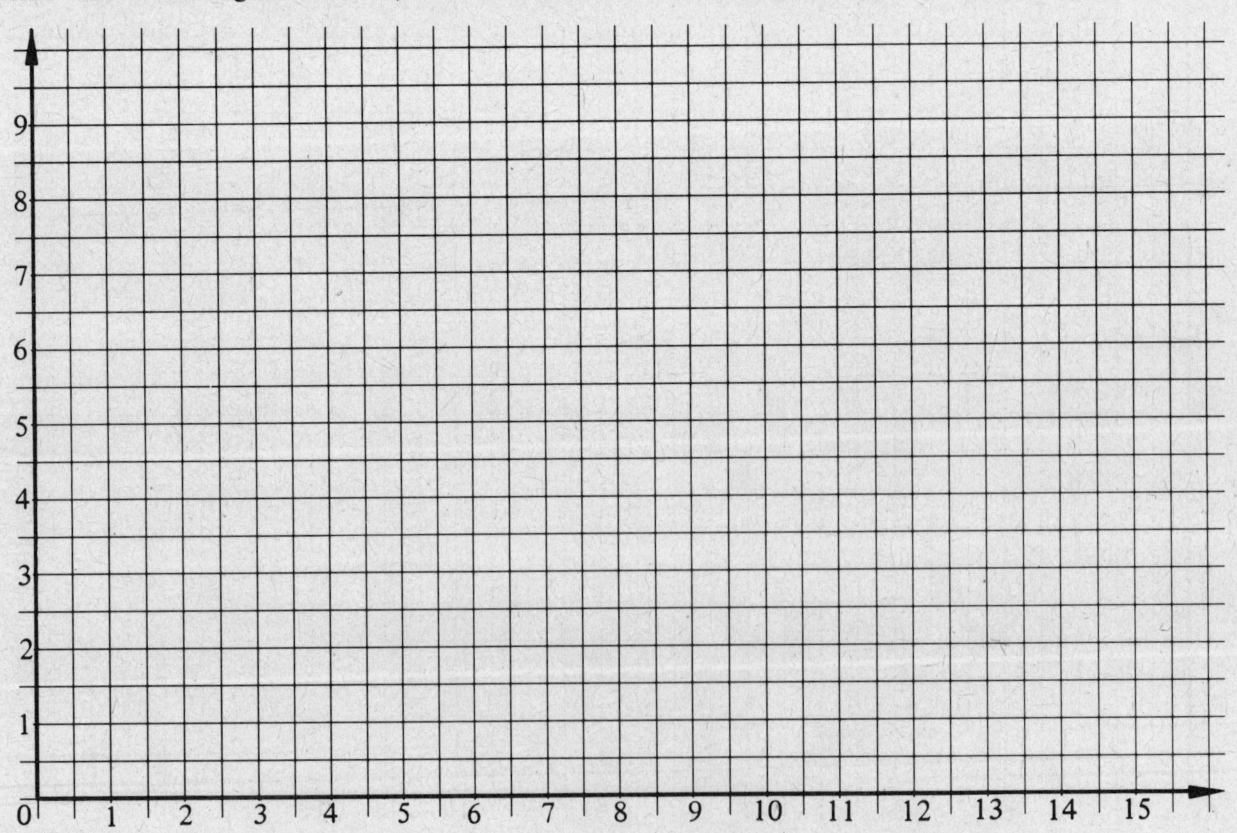

5 Messen von Winkelgrößen

1 a) Miß die Größe der abgebildeten Winkel.
b) Gib jeweils die Winkelart an.
c) Zeichne jeden Winkel noch einmal mit dem Geodreieck auf die rechte Seitenhälfte.

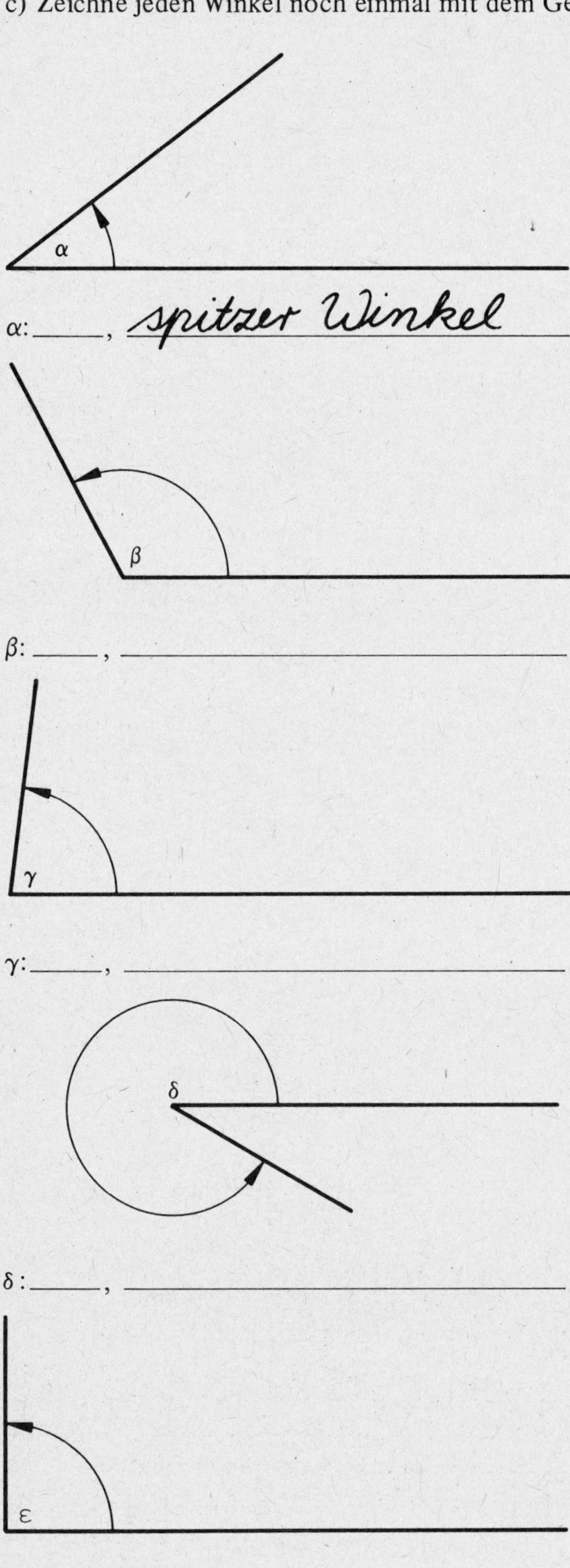

2 Zeichne die angegebenen Dreiecke bzw. Vierecke. Miß die Größe der Winkel bei den Ecken. Falls nötig, verlängere zum Messen die Schenkel der Winkel.

a) A = (3,5; 13), B = (7; 12,5) C = (6,5; 15)

α: __________ β: __________ γ: __________

b) A = (10; 10,5), B = (14; 10,5), C = (12; 14)

α: __________ β: __________ γ: __________

c) A = (0,5; 1,5), B = (4; 1), C = (5; 3), D = (1,5; 3,5)

α: __________ β: __________ γ: __________ δ: __________

d) A = (9; 1), B = (11,5; 2,5), C = (14,5; 1), D = (11; 5)

α: __________ β: __________ γ: __________ δ: __________

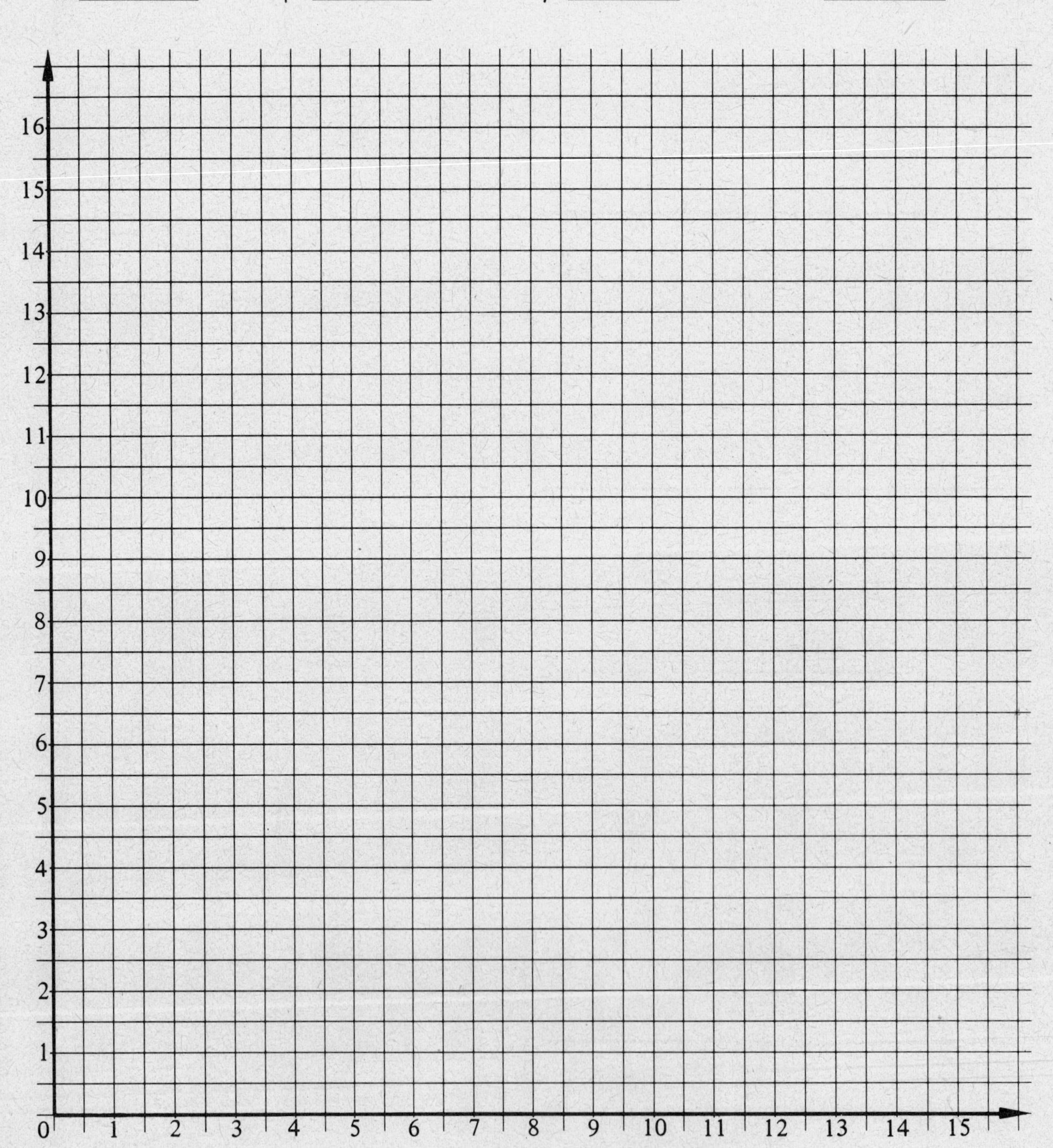

3 Eine Torte soll in 12 gleich große Teile geschnitten werden.
a) Berechne die Winkelgröße für jedes einzelne Tortenstück:

____

Antwort: ______________________________

____

b) Zeichne die Aufteilung der Tortenstücke in den Kreis ein.

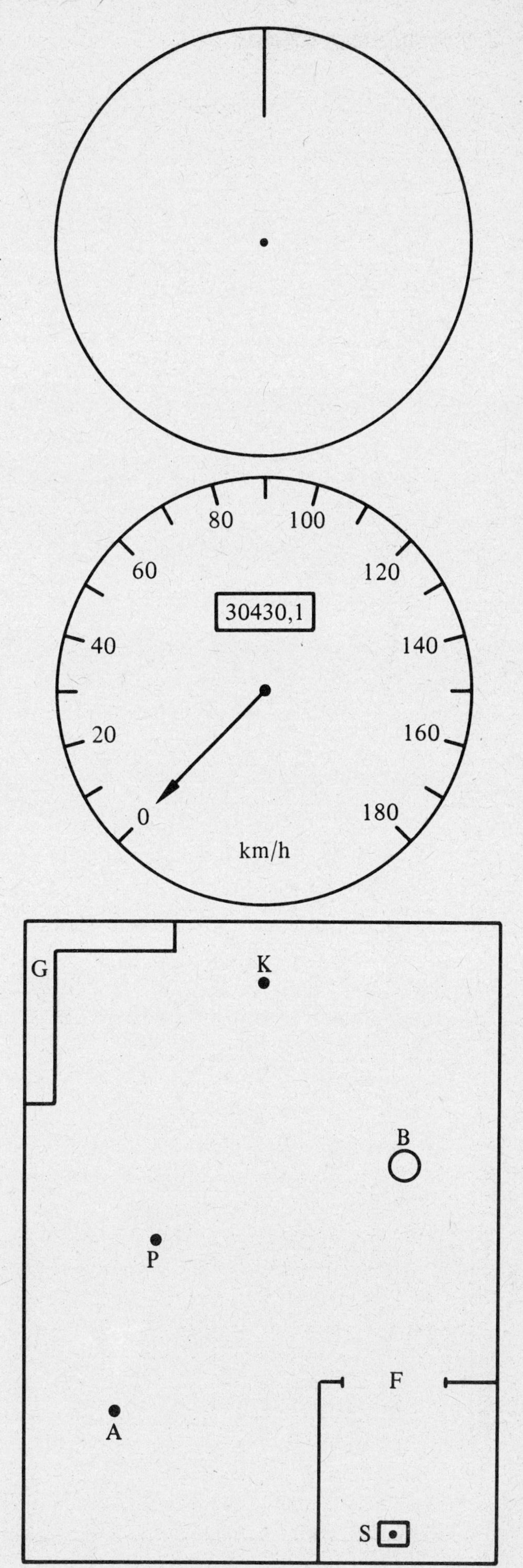

4 Dies ist der Geschwindigkeitsmesser (Tachometer) eines Autos.
Miß die Winkel, die der Zeiger überstreicht, wenn sich die Geschwindigkeiten wie folgt ändern:

a) von $0 \frac{km}{h}$ bis $20 \frac{km}{h}$: ______________

b) von $0 \frac{km}{h}$ bis $50 \frac{km}{h}$: ______________

c) von $0 \frac{km}{h}$ bis $80 \frac{km}{h}$: ______________

d) von $0 \frac{km}{h}$ bis $100 \frac{km}{h}$: ______________

e) von $0 \frac{km}{h}$ bis $120 \frac{km}{h}$: ______________

f) von $0 \frac{km}{h}$ bis $130 \frac{km}{h}$: ______________

5 Wenn Peter in seinem Sessel (S) sitzt, kann er durch das Fenster (F) in den Garten sehen.
a) Zeichne den Winkel ein, den er vom Sessel aus überblicken kann.
Wie groß ist sein Blickwinkel? ______________
b) Was kann er vom Sessel aus alles sehen?

Kreuze an:	den Kirschbaum	(K)	______
	den Apfelbaum	(A)	______
	den Brunnen	(B)	______
	den Pflaumenbaum	(P)	______
	die Gartenbank	(G)	______

c) Wohin könnte er sich stellen, damit er auch den Pflaumenbaum sehen kann?
Zeichne einen möglichen Standort P und den zugehörigen Winkel (Blickwinkel) ein.
d) Kann er, ohne sich aus dem Fenster zu beugen, den Apfelbaum sehen?

____

6 Parallelogramme

1

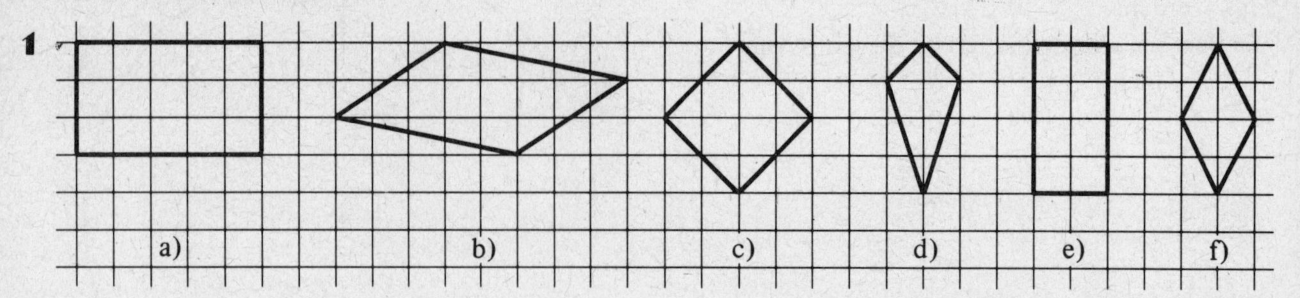

Welche dieser Vierecke sind Parallelogramme, welche sind Rechtecke, welche sind Quadrate? Kreuze in der Tabelle an.

	a)	b)	c)	d)	e)	f)
Parallelogramm						
Rechteck						
Quadrat						

2 Trage die angegebenen Ecken in das Achsenkreuz ein. Ergänze jede Figur zu einem Parallelogramm. Gib die Koordinaten der fehlenden Punkte an.

a) A = (0,5; 2,5) B = (3,5; 6,5), C = (3; 9,5), D = (____ ; ____)

b) E = (2,5; 2), F = (____ ; ____), G = (7; 3), H = (3,5; 5)

c) I = (7; 8,5), K = (8; 5,5), L = (____ ; ____), M = (10; 9,5)

d) N = (____ ; ____), O = (14; 0), P = (16; 3), Q = (14; 6)

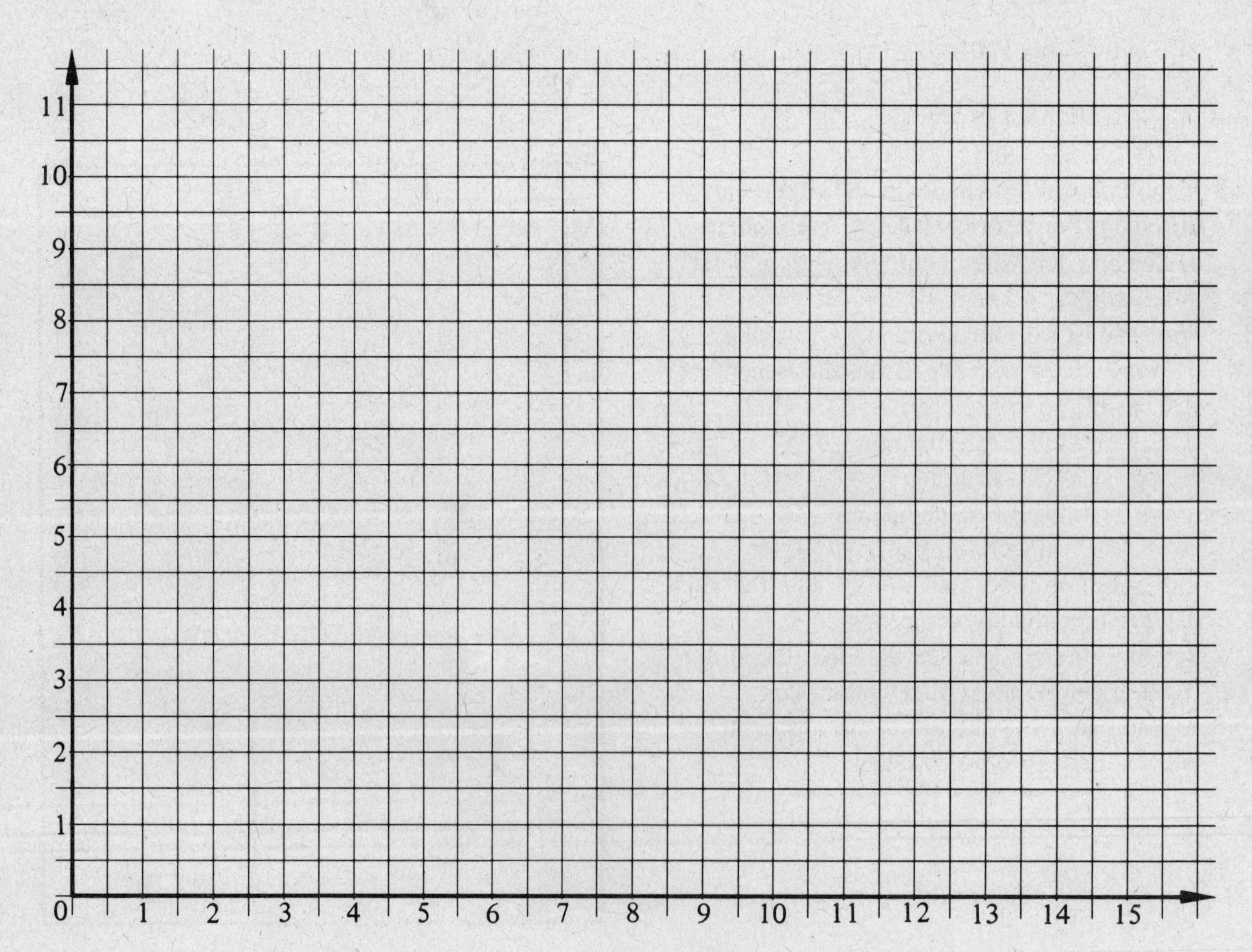

IV Systembrüche

1 Dezimalbrüche

1 Schreibe die Zahlen der Stellentafel als Dezimalbrüche und danach als Brüche.

	H	Z	E	z	h	
a)			0,	8		= $0{,}8 = \frac{8}{10} = \frac{4}{5}$
c)			0,	0	7	=
e)			0,	5	3	= =

	Z	E	z	h	t	
b)		0,	0	0	4	= =
d)		4,	0	5		= =
f)	3	0,	8	1		= =

2 Trage folgende Zehnerbrüche in die Stellentafel ein und schreibe sie als Dezimalbrüche.

Zehnerbruch	Zehner 10	Einer 1	Zehntel $\frac{1}{10}$	Hundertstel $\frac{1}{100}$	Tausendstel $\frac{1}{1000}$	Zehntausendstel $\frac{1}{10\,000}$	Dezimalbruch
a) $\frac{47}{100}$ =		0,	4	7			= 0,47
b) $\frac{3}{10\,000}$ =		0,	0	0	0	3	=
c) $\frac{6008}{1000}$ =							=
d) $\frac{137}{10}$ =							=
e) $\frac{309}{1000}$ =							=

3 Erweitere zu Zehnerbrüchen und schreibe als Dezimalbrüche.

a) $\frac{2}{5} = \frac{2 \cdot 2}{5 \cdot 2} = \frac{4}{10} = 0{,}4$

b) $\frac{1}{8} = \frac{\quad}{8 \cdot 125}$ = ——— =

c) $\frac{4}{25}$ = ——— = ——— =

d) $\frac{13}{20}$ = ——— = ——— =

e) $\frac{7}{125}$ = ——— = ——— =

f) $\frac{27}{50}$ = ——— = ——— =

4 Kürze zu Zehnerbrüchen und schreibe als Dezimalbrüche.

a) $\frac{12}{40} = \frac{12 : 4}{40 : 4} = \frac{3}{10} = 0{,}3$

b) $\frac{91}{70}$ = ——— = ——— =

c) $\frac{35}{700}$ = ——— = ——— =

d) $\frac{63}{900}$ = ——— = ——— =

e) $\frac{44}{110}$ = ——— = ——— =

f) $\frac{1206}{6000}$ = ——— = ——— =

5 Verwandle die Brüche in Zehnerbrüche und schreibe sie als Dezimalbrüche.

a) $\frac{3}{5}$ = ——— = ——— =

b) $\frac{135}{150}$ = ——— = ——— =

c) $\frac{13}{20}$ = ——— = ——— =

d) $\frac{15}{50}$ = ——— = ——— =

e) $\frac{28}{40}$ = ——— = ——— =

f) $\frac{27}{3000}$ = ——— = ——— =

2 Vergleichen von Dezimalbrüchen

1 Setze die Zeichen <, > oder = ein, so daß wahre Aussagen entstehen.

a) 1,307 __<__ 1,703; 4,001 ______ 4,01; 0,75 ______ 7,5; 3,10 ______ 3,100

b) 9,023 ______ 9,230; 0,03 ______ 0,029; 1,800 ______ 1,8; 0,8 ______ 0,498

c) 0,250 ______ 0,25; 0,10 ______ 0,099; 3,12 ______ 3,21; 46,7 ______ 4,679

d) 17,90 ______ 17,09; 7,4 ______ 7,401; 11,7 ______ 10,71; 0,3 ______ 0,04

2 Ordne nach der Größe. Beginne mit dem kleinsten Dezimalbruch.
a) 0,0432; 0,0342; 0,2043; 0,0234; 0,0243

__0,0234__ < __0,0243__ < ______ < ______ < ______

b) 17,08; 3,081; 18,07; 3,108; 10,78; 3,018

______ < ______ < ______ < ______ < ______ < ______

c) 0,007 59; 0,075 09; 0,500 97; 0,050 79; 0,005 97; 0,009 75

______ < ______ < ______ < ______ < ______ < ______

3 Schreibe die Dezimalbrüche über den markierten Stellen auf.

4,03

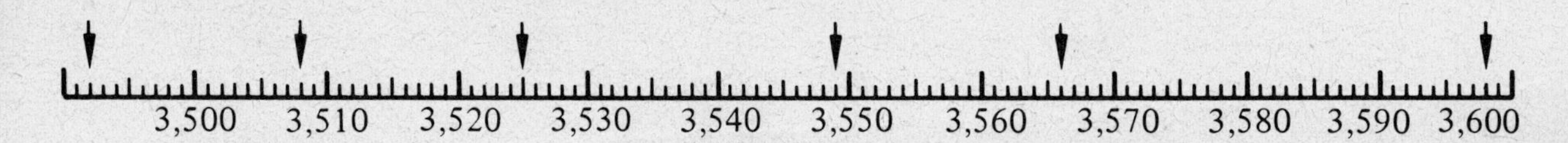

4 Markiere auf dem Zahlenstrahl die Dezimalbrüche.

a) 8,245; 8,293; 8,204; 8,276

8,20 8,30

b) 11,736; 11,74; 11,777; 11,707

11,70 11,80

c) 0,304; 0,328; 0,385; 0,352; 0,371

0,30 0,40

•5 Ordne die Zahlen der Größe nach. Beginne mit der größten Zahl.
a) $\frac{1}{4}$; 0,52, 0,025; $\frac{23}{50}$; 0,64 b) $\frac{7}{20}$; 0,305; $\frac{9}{25}$; 0,53; $\frac{176}{500}$

a) __0,64__ > ______ > ______ > ______ > ______

b) ______ > ______ > ______ > ______ > ______

3 Runden von Dezimalbrüchen

1 Runde die folgenden Dezimalbrüche:

a)	gerundet auf Einer	b)	gerundet auf Zehntel	c)	gerundet auf Hundertstel
5,0	5	4,70		0,840	
5,1	5	4,71		0,841	
5,2		4,72		0,842	
5,3		4,73		0,843	
5,4		4,74		0,844	
5,5		4,75		0,845	
5,6		4,76		0,846	
5,7		4,77		0,847	
5,8		4,78		0,848	
5,9		4,79		0,849	

2 Runde die folgenden Dezimalbrüche:

Runde	auf Einer	auf Zehntel	auf Hundertstel	auf Tausendstel
a) 3,4653				
b) 5,1772				
c) 8,2819				
d) 17,3604				
e) 32,8047				
f) 5,5468				
g) 0,7588				
h) 19,0997				
i) 7,9893				
k) 0,5099				
l) 0,9089				

3 a) Runde auf Zehntel Liter.

	38,37 l	41,43 l	30,05 l	7,28 l	29,97 l
gerundet	38,4 l				

b) Runde auf Hundertstel Meter.

	24,907 m	4,083 m	0,046 m	0,902 m	0,995 m
gerundet	24,91 m				

c) Runde auf Tausendstel Tonne.

	1,5555 t	0,0876 t	3,1082 t	4,0981 t	2,9998 t
gerundet	1,556 t				

4 a) Gib alle Zahlen mit insgesamt 3 Ziffern an, die gerundet 5,8 ergeben.

5,83;

b) Gib alle Zahlen mit insgesamt 4 Ziffern an, die gerundet 3,74 ergeben.

4 Addieren und Subtrahieren von Dezimalbrüchen

1 Trage die Dezimalbrüche in die Stellentafel ein und addiere sie.

a) 3,84 + 4,076 + 0,908

Z	E	z	h	t

b) 11,7 + 0,094 + 3,801

Z	E	z	h	t

2 Trage die Dezimalbrüche in die Stellentafel ein und subtrahiere sie.

a) 14,974 – 8,362

Z	E	z	h	t

b) 24,846 – 9,032

Z	E	z	h	t

3 Rechne schriftlich. Schreibe die Zahlen zuerst stellengerecht untereinander.

a) 49,094 + 0,836 + 7,007

49,094
0,836
+ 7,007

b) 0,9784 – 0,5895

c) 32,0084 – 29,9075

d) 4,89 + 8,03 – 5,67

e) 0,4921 + 4,1883 + 9,04

f) 0,494 – (0,036 + 0,189)

4 Führe zuerst eine Überschlagsrechnung durch und rechne danach aus.

a) 9,87 + 41,93 + 38,73
Überschlagsrechnung:

10 + 40 + 40 = ______

Rechnung:

9,87
41,93
+ 38,73

b) 178,93 – 62,227
Überschlagsrechnung:

Rechnung:

c) 38,91 + 447,8 + 23,366
Überschlagsrechnung:

Rechnung:

d) 30,9 – (10,52 – 6,86)
Überschlagsrechnung:

30 – (10 – 7) =

Rechnung:

e) 11,873 + 3,09 – 4,93
Überschlagsrechnung:

Rechnung:

f) 81,07 – (58,362 + 12,648)
Überschlagsrechnung:

Rechnung:

5 Multiplizieren und Dividieren mit Zehnerpotenzen

1

Multipliziere	mit 10	mit 100	mit 1000
0,8376	8,376		
1,0847			
90,135			
107,94			

2

Dividiere	durch 10	durch 100	durch 1000
453,81			
50,973			
1,384			
0,413			

6 Multiplizieren mit Dezimalbrüchen

1 Ergänze die Tabelle. Setze das Komma beim Ergebnis an die richtige Stelle.

		Stellenzahl nach dem Komma beim			
1. Faktor	2. Faktor	1. Faktor	2. Faktor	Ergebnis	Ergebnis
8,376	16,42	3	2	5	137,53392
165,121	0,0007				1155847
41,001	9,251				379300251
602	0,703				423206

2 Berechne folgende Produkte:

a) 3,84 · 9,06 b) 14,86 · 5,91 c) 7,777 · 3,333

d) $0{,}0043 \cdot 0{,}852$ e) $0{,}00312 \cdot 0{,}007$ f) $0{,}0604 \cdot 0{,}0505$

3 Berechne das erste Produkt. Bestimme die anderen Produkte nach der Kommaregel.

Rechnung:

a) $3{,}082 \cdot 17{,}36$ = ____________________

$30{,}82 \cdot 17{,}36$ = ____________________

$0{,}3082 \cdot 173{,}6$ = ____________________

$0{,}03082 \cdot 1{,}736$ = ____________________

$308{,}2 \cdot 173{,}6$ = ____________________

Rechnung:

b) $7{,}946 \cdot 0{,}0843$ = ____________________

$0{,}7946 \cdot 8{,}43$ = ____________________

$794{,}6 \cdot 0{,}843$ = ____________________

$79{,}46 \cdot 0{,}0843$ = ____________________

$0{,}07946 \cdot 84{,}3$ = ____________________

4 Überschlage das Ergebnis. Setze dann das Komma beim Ergebnis an die richtige Stelle.

Produkt	Überschlag	Ergebnis
a) $39{,}2 \cdot 5{,}1$	$40 \cdot 5 =$	19992
b) $68{,}4 \cdot 19{,}7$		134748
c) $0{,}97 \cdot 53{,}4$		51798
d) $61{,}9 \cdot 8{,}71$		539149
e) $9{,}83 \cdot 31{,}06$		3053198
f) $187{,}5 \cdot 40{,}8$		765
g) $306{,}2 \cdot 0{,}905$		277111
h) $0{,}044 \cdot 878{,}5$		38654

7 Dividieren mit Dezimalbrüchen

1 Berechne folgende Quotienten. Multipliziere beide Zahlen so mit 10 oder 100 oder ..., daß durch eine natürliche Zahl dividiert wird.

a) 23,688 : 4,2 = ____________

236,88 : 42 = 5
210

b) 4,932 : 0,36 = ____________

c) 0,1836 : 0,017 = ____________

d) 8,7493 : 0,203 = ____________

e) 0,0126063 : 0,0021 = ____________

f) 0,64908 : 1,08 = ____________

2 Berechne nur einen dieser Quotienten. Bestimme die anderen ohne weitere Rechnung.

Rechnung:

1652,4 : 2,7 = ______________

1652,4 : 27 = ______________

16,524 : 0,27 = ______________

0,16524 : 0,27 = ______________

1,6524 : 0,0027 = ______________

8 Periodische Dezimalbrüche

1 Schreibe die folgenden Brüche als Dezimalbrüche, indem du dividierst.

a) $\frac{3}{8} =$ b) $\frac{5}{6} =$ c) $\frac{7}{12} =$

3 : 8 = 0,3
30
24

d) $\frac{7}{15} =$ e) $\frac{7}{18} =$ f) $\frac{7}{22} =$

g) $\frac{7}{9} =$ h) $\frac{27}{99} =$ i) $\frac{183}{999} =$

9 Vermischte Aufgaben

1 Rechne schriftlich:

a) 3,47 + 0,983 + 10,84 b) 403,08 – 79,446 c) 0,683 – (0,043 + 0,307)

d) 24,17 · 8,93 e) 13,08 · 4,002 f) 0,4745 : 1,3

2 Führe zuerst eine Überschlagsrechnung durch und rechne danach aus.

a) 9,643 + 80,46 + 18,03
Überschlagsrechnung:

Rechnung:

b) 182,07 – 59,48
Überschlagsrechnung:

Rechnung:

c) 0,846 + 22,41 + 8,093
Überschlagsrechnung:

Rechnung:

3 Überschlage das Ergebnis. Setze dann das Komma beim Ergebnis an die richtige Stelle.

Produkt	Überschlag	Ergebnis
5,023 · 189,2		9 5 0 3 5 1 6
18,24 · 0,955		1 7 4 1 9 2
4,375 · 1,08		4 7 2 5
18,16 · 11,05		2 0 0 6 6 8
0,0825 · 321,2		2 6 4 9 9

4 Berechne nur eines dieser Produkte. Bestimme die anderen Produkte ohne Rechnung.

Rechnung:

83,05 · 0,0484 = ____________

8,305 · 0,484 = ____________

0,8305 · 0,0484 = ____________

830,5 · 4,84 = ____________

83,05 · 0,484 = ____________

5 Berechne nur einen dieser Quotienten. Bestimme die anderen Quotienten ohne Rechnung.

Rechnung:

4,18992 : 4,06 = ____________

418,992 : 0,406 = ____________

41,8992 : 40,6 = ____________

0,418992 : 0,406 = ____________

4189,92 : 4,06 = ____________

6 Zeichne jeweils ein Verknüpfungsdiagramm und berechne den Term.

a) (3,5 + 4,2) · 0,4 = ________ Rechnung:

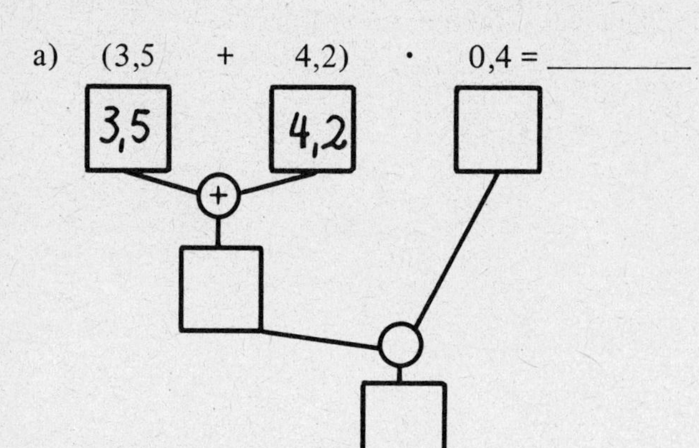

b) $\frac{2}{5}$ · (13,2 – 7,7) = ________ Rechnung:

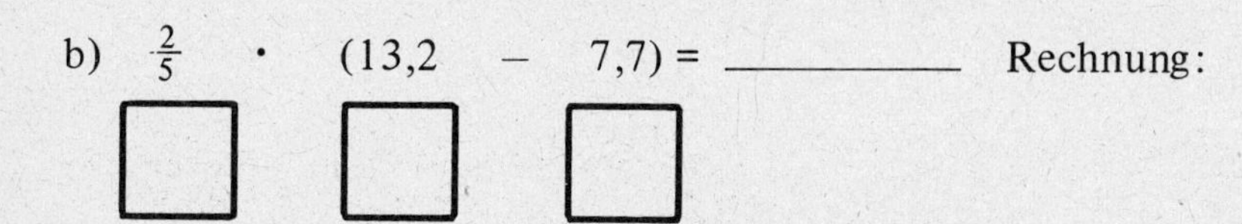

c) 3,575 – 1,575 : 2,5 = ________ Rechnung:

7 Susanne bezahlt mit einem 10 DM-Schein eine Rechnung über 6 Schnellhefter zu je 0,85 DM.
Wieviel DM bekommt sie zurück?
Zeichne zum Term ein Verknüpfungsdiagramm und löse die Aufgabe.

Term: 10 – (6 · 0,85) = ________ Rechnung:
Diagramm:

Antwort: ____

8 Drei Freunde fahren gemeinsam mit einem Auto zum Bundesligaspiel, die Fahrtkosten wollen sie sich teilen. Bei der Rückkehr tanken sie 26,6 l Benzin zu einem Literpreis von 91,9 Pf.
Wieviel muß jeder bezahlen? (Denke ans Runden)

Diagramm: Rechnung:

Antwort: Jeder muß __________ DM bezahlen.

9 Ein Lastwagen hat ein Ladegewicht von 7,5 t. Er hat bereits 4 Kisten zu je 0,875 t und 8 Fässer zu je 0,25 t geladen. Mit wieviel t darf er höchstens noch beladen werden?

Diagramm: Rechnung:

Antwort: Es dürfen höchstens noch ______________ zugeladen werden.

•10 Weinhändler Traube zapft aus einem mit 8,75 hl Wein gefüllten Faß 140 Flaschen zu je 1,0 l ab. den Rest füllt er in 0,7 l-Flaschen ab. Der Verkaufspreis für die 1 l-Flasche beträgt 4,35 DM (Gewinn 1,45 DM), für die 0,7 l-Flasche 3,25 DM (Gewinn 1,15 DM).

a) Wieviel 0,7 l-Flaschen können abgefüllt werden?
b) Wieviel DM beträgt der Gesamtverkaufspreis aller Flaschen?
c) Wieviel DM Gewinn erzielt er, wenn er alle Flaschen verkauft?

Rechnungen:

Antworten:

a) Es können __________ 0,7 l-Flaschen abgefüllt werden.

b) Der Gesamtverkaufspreis beträgt ______________ DM.

c) Er erzielt ____________ DM Gewinn.

V Wahrscheinlichkeit

1 Bäume

1 Bei einem Musikwettbewerb für Beatbands haben die Gruppen Beatols, Rolling und Knockout die Endausscheidung erreicht.
a) In welchen möglichen Reihenfolgen können die Gruppen auftreten? Zeichne dazu erst den Baum zu Ende und bezeichne die Äste mit dem Anfangsbuchstaben der Gruppe.
b) Schreibe am Ende der Äste des Baumes die jeweilige Reihenfolge auf.

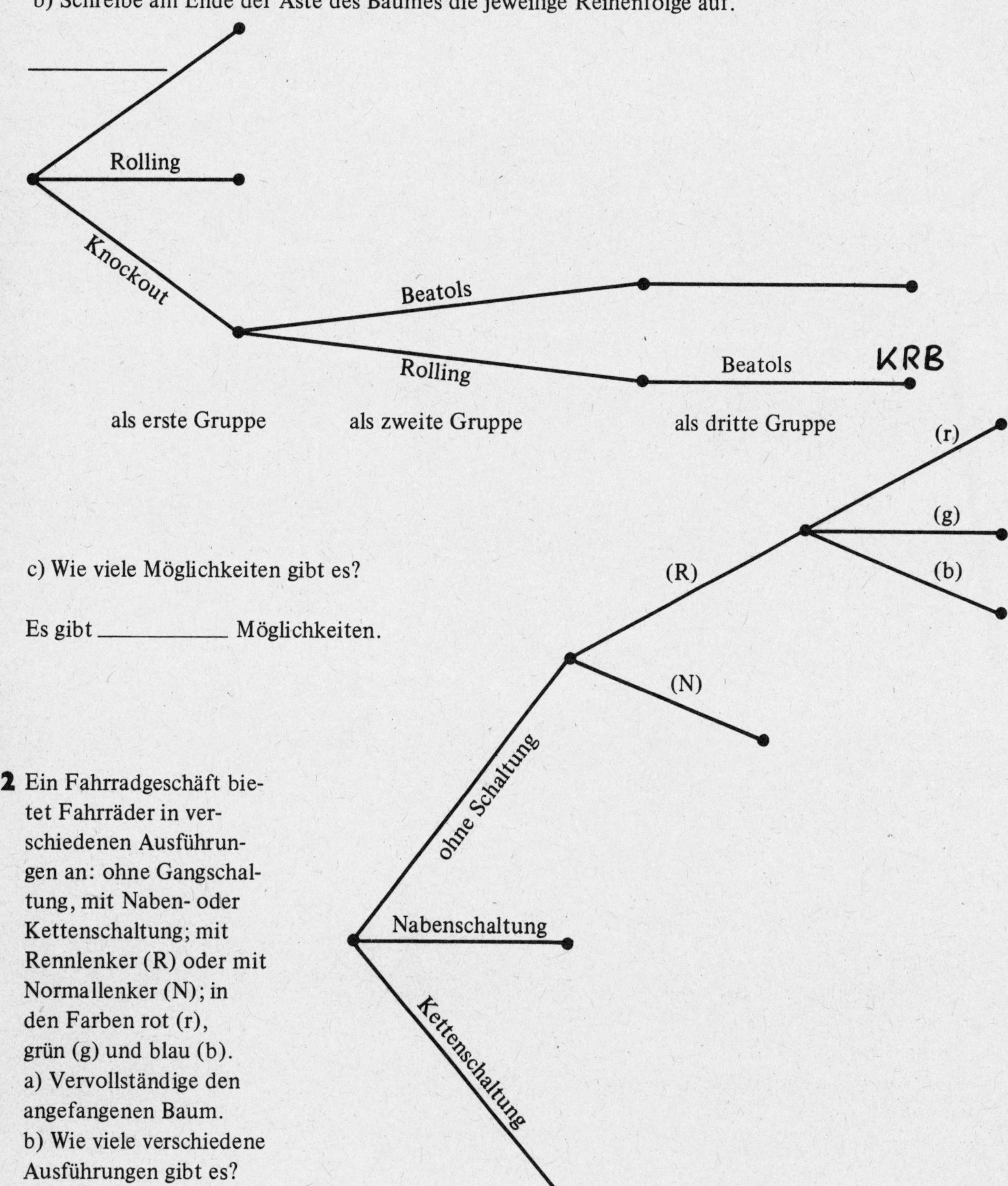

c) Wie viele Möglichkeiten gibt es?

Es gibt ___________ Möglichkeiten.

2 Ein Fahrradgeschäft bietet Fahrräder in verschiedenen Ausführungen an: ohne Gangschaltung, mit Naben- oder Kettenschaltung; mit Rennlenker (R) oder mit Normallenker (N); in den Farben rot (r), grün (g) und blau (b).
a) Vervollständige den angefangenen Baum.
b) Wie viele verschiedene Ausführungen gibt es?

Antwort: Es gibt ________ Ausführungen.

2 Ausfälle

1 Wie kann man mit dem Glücksrad Entscheidungen bei folgenden Fragen herbeiführen?

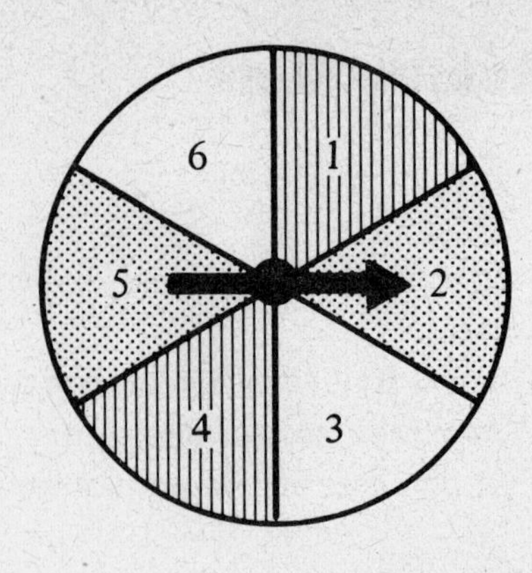

Felder
1 und 4 rot
2 und 5 grün
3 und 6 weiß

a) Welcher von drei Spielern beginnt beim Minigolf?

Antwort: ______________________________

____

b) Welcher Spieler eröffnet bei einem Schachspiel?

Antwort: ____

____

c) Sechs Kinder spielen Verstecken. Wer muß zuerst suchen?

Antwort: ____

____

2 a) Gib zu den Zufallsversuchen in Aufgabe 1 a) bis 1 c) alle möglichen Ausfälle an.

Minigolf: rot, ______________________________

Schachspiel: ______________________________

Verstecken: ______________________________

b) Mit welchem anderen Zufallsgerät kannst du die Entscheidungen in Aufgabe 1 a) bis 1 c) auch herbeiführen?

Minigolf: ______________________________

Schachspiel: Münze ______________________________

Verstecken: ______________________________

•3 Bestimme alle Ausfälle, die sich ergeben, wenn du mit zwei Würfeln würfelst und die Augenzahlen addierst.

a) Zeichne dazu erst den angefangenen Baum zu Ende und notiere dann die Ausfälle an den Astenden.

b) Schreibe alle Ausfälle auf.

____

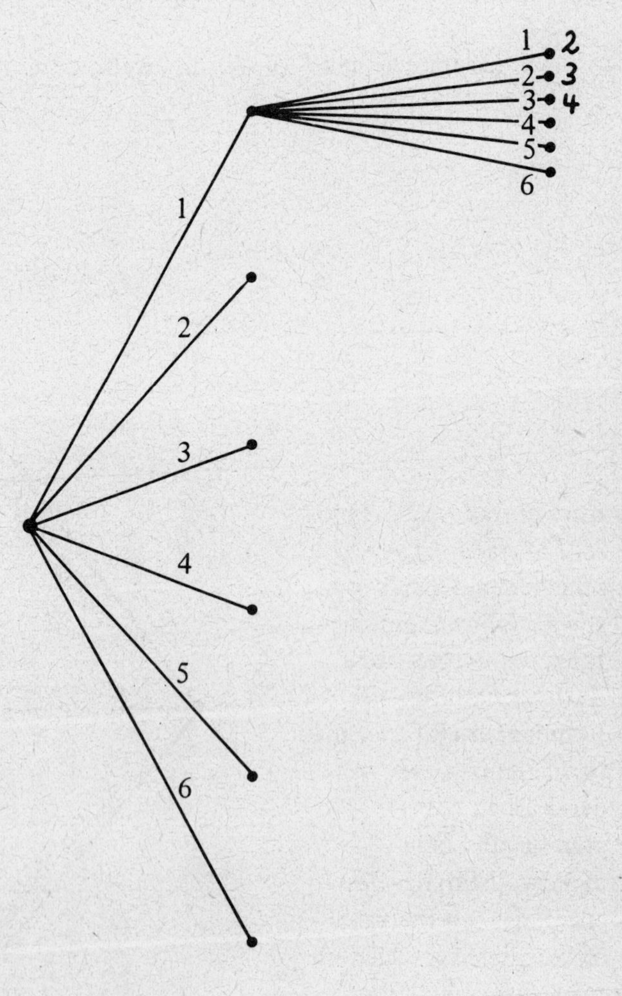

1. Würfel 2. Würfel Summe

4 Zufallsversuche und relative Häufigkeit

1 Färbe bei einer Streichholzschachtel die gegenüberliegenden Seiten jeweils in derselben Farbe (rot, grün, blau) und wirf mit der Schachtel 60 mal.

a) Trage die Häufigkeiten der Ausfälle in die folgende Tabelle ein und berechne die relativen Häufigkeiten.

Ausfall	rot	grün	blau
Häufigkeit			
relative Häufigkeit			

2 Wirf mit einer kleinen Milchdose 50mal. O (oben), U (unten), S (seitlich)

a) Notiere die drei möglichen Ausfälle nacheinander;
z. B. S, S, O, U . . .

___

___

___

b) Stelle für die Ausfälle eine Häufigkeitstabelle auf. Berechne dann die relativen Häufigkeiten für die einzelnen Ausfälle.

Ausfall	O	U	S
Häufigkeit			
relative Häufigkeit			

3 a) Wirf mit einem Würfel 60 mal und notiere die gewürfelten Augenzahlen in der Strichliste. Berechne die relative Häufigkeiten.

Ausfall	1	2	3	4	5	6
Häufigkeit						
relative Häufigkeit						

b) Stelle nun eine zweite Liste auf, indem du „k“ notierst, falls die gewürfelte Augenzahl kleiner als 4 ist, „4“, falls du eine 4 gewürfelt hast, und „g“, falls die gewürfelte Augenzahl größer als 4 ist. Berechne die relativen Häufigkeiten.

Ausfall	kleiner als 4	4	größer als 4
Häufigkeit			
relative Häufigkeit			

4 Berechne $\frac{1}{2}$, $\frac{1}{6}$ und $\frac{1}{3}$ von 60 und vergleiche mit deinen relativen Häufigkeiten aus Aufgabe 3b).

$\frac{1}{2}$ von 60: ____________ $\frac{1}{6}$ von 60: ____________ $\frac{1}{3}$ von 60: ____________

Antwort: ____

5 Fülle in ein Gefäß zwanzig 10 Pf-Münzen, zehn 2 Pf-Münzen und zehn 5 Pf-Münzen. Ziehe mit geschlossenen Augen 40 mal eine Münze, die jeweils wieder zurückgelegt wird. Stelle eine Häufigkeitstabelle auf und berechne die relativen Häufigkeiten.

Ausfälle			
Häufigkeit			
relative Häufigkeit			

5 Wahrscheinlichkeit von Ausfällen

1 Notiere unter den Glücksrädern und den Gefäßen alle möglichen Ausfälle. Gib zu jedem Ausfall die Wahrscheinlichkeit an.

a)
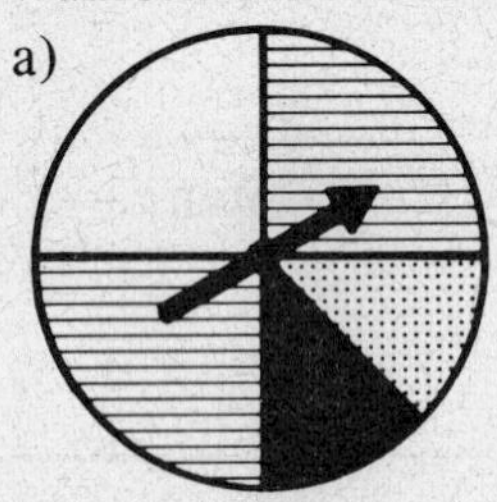

b)
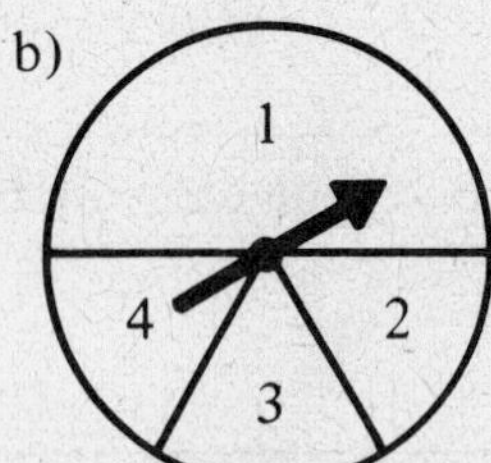

c)
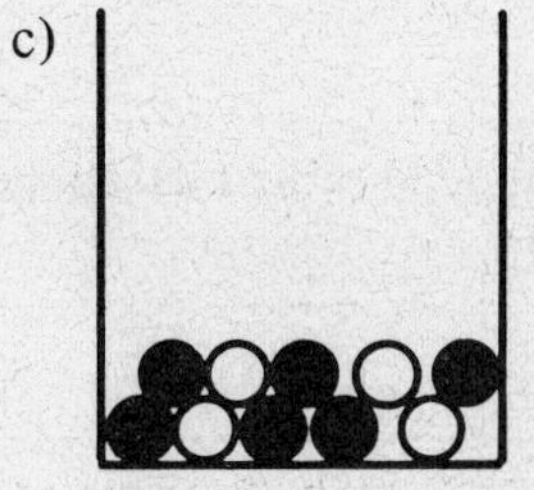

d)
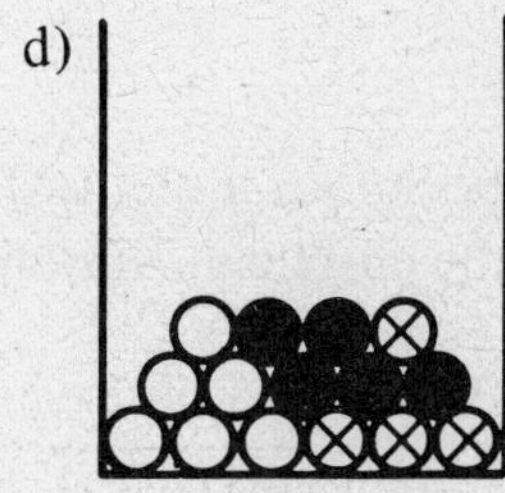

a) Drehen des Glücksrads

weiß	$\frac{1}{4}$
schraff.	

b) Drehen des Glücksrads

c) Ziehen von einer Kugel

d) Ziehen von einer Kugel

2 Zeichne jeweils ein Glücksrad mit den Wahrscheinlichkeiten

a) $\frac{1}{3}$ für rot, $\frac{1}{3}$ für weiß, $\frac{1}{3}$ für blau

b) $\frac{1}{2}$ für schraffiert, $\frac{1}{4}$ für punktiert, $\frac{1}{4}$ für schwarz

c) $\frac{1}{8}$ für 1, $\frac{2}{8}$ für 2, $\frac{3}{8}$ für 3, $\frac{1}{4}$ für 0

d) $\frac{1}{5}$ für ja, $\frac{3}{5}$ für nein, $\frac{1}{5}$ für unentschieden

a)
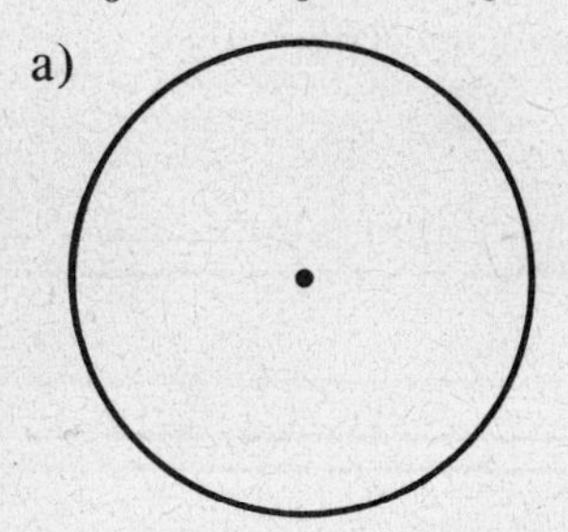

b)
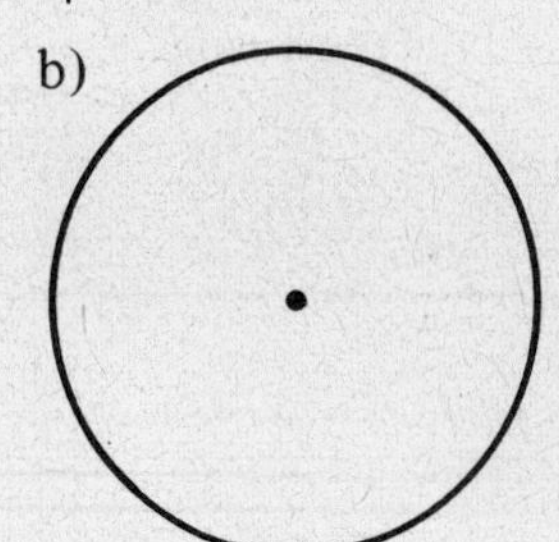

c)
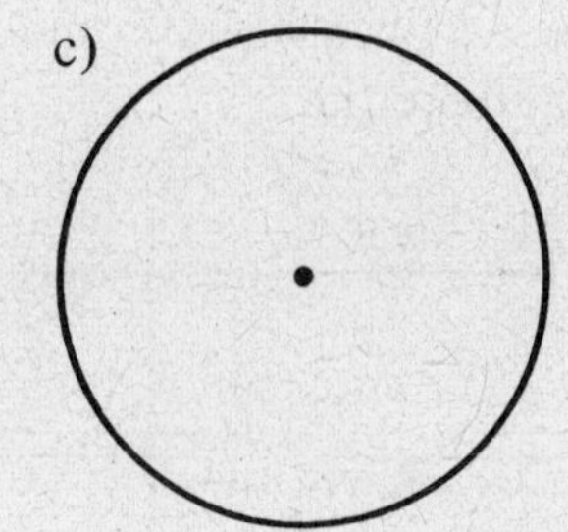

d)
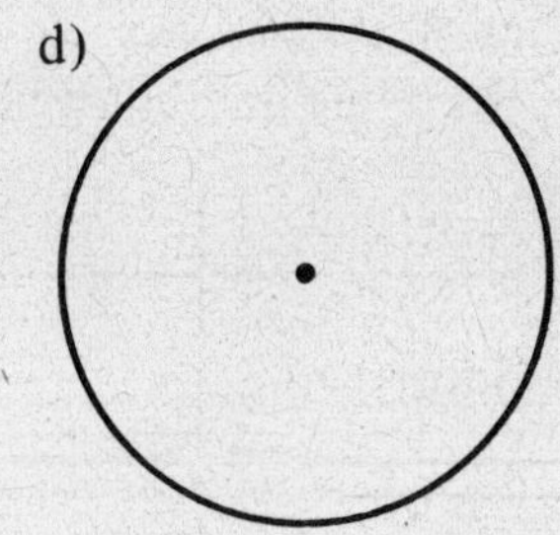

VI Flächeninhalt und Rauminhalt

1 Einheiten bei Flächeninhalten

1 Bestimme bei den Figuren Umfang U und Flächeninhalt A durch Auszählen der Karos.

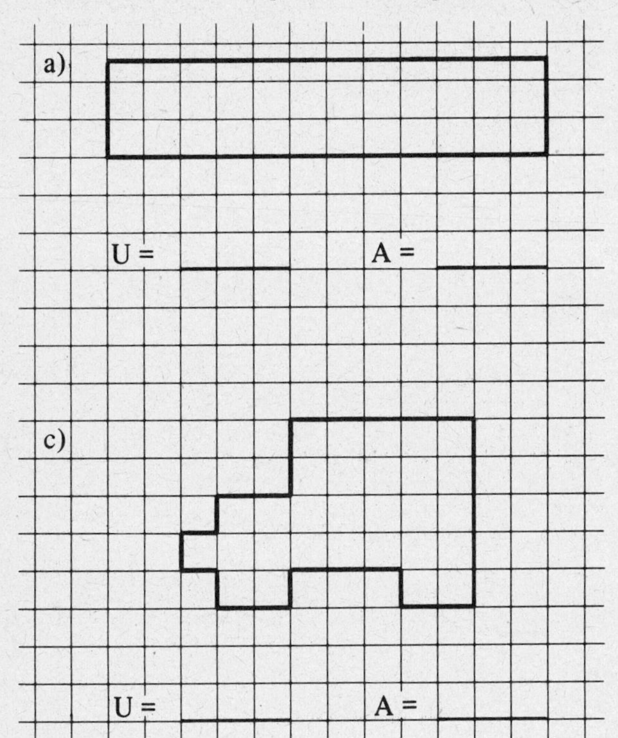

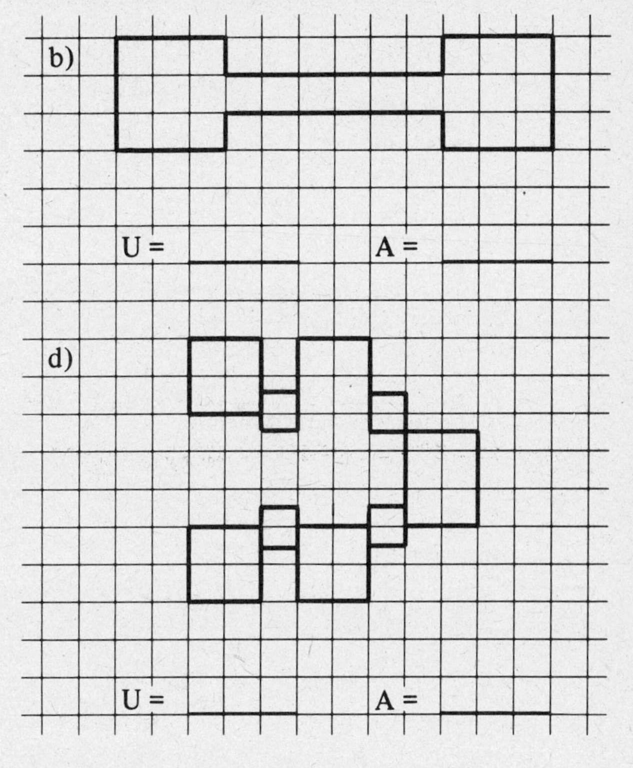

2 Gib in m² an:

a) 300 dm² = 3 m²   b) 27 500 cm² = 2,75 m²   c) 2,72 a = ______

d) 14 ha = ______   e) 26 dm² = ______   f) 8914 cm² = ______

•g) 125 cm² = ______   •h) 0,3 a = ______   •i) 0,02 ha = ______

3 Verwandle in die angegebene Einheit:

a) 36,6 dm² = ______ cm²   b) 30 a = 0,3 ha   c) 180 cm² = ______ dm²

d) 0,02 km² = ______ ha   e) $\frac{1}{2}$ m² = ______ dm²   f) 2,7 cm² = ______ mm²

g) 3496 dm² = ______ m²   h) 3 mm² = ______ cm²   i) $2\frac{1}{4}$ a = ______ m²

•k) 300 cm² = ______ m²   •l) 0,01 dm² = ______ mm²   •m) $\frac{1}{2}$ m² = ______ a

4 Verwandle in die angegebene Einheit:

a) 3 m² 16 dm² = ______ m²   b) 6 ha 24 a = ______ a

c) 7 dm² 5 cm² = ______ cm²   d) 1 cm² 3 mm² = ______ cm²

•e) 8 m² 15 cm² = ______ m²   •f) 4 a 8 dm² = ______ m²

2 Flächeninhalt von Rechtecken

1 Berechne für die Rechtecke mit den Seiten a und b und dem Flächeninhalt A die fehlenden Angaben. Rechne im Heft und trage in der Tabelle die Ergebnisse ein.

	a)	b)	c)	d)	e)	f)
a	2,5 m	0,3 cm		3,9 dm	7,1 dm	
b	4,6 m		5,2 km	3,9 dm	14 mm	3,9 dm
A		1,86 cm^2	3,12 km^2			74,1 cm^2

2 Eine Tischplatte, 75 cm lang und 125 cm breit, soll mit quadratischen Mosaiksteinen von 5 cm Seitenlänge beklebt werden.
a) Wie groß ist der Flächeninhalt des Tisches?
b) Wie viele Mosaiksteine werden benötigt?

Antwort: ______________________

Flächeninhalt des Tisches:

____

____

Anzahl der Steine: ______________________

____

3 Ein Parkplatz ist $90\frac{1}{2}$ m lang und 140,2 m breit. Für Fahrwege werden 4525 m^2 benötigt. Wie viele Autos können parken, wenn ein Auto eine Parkpfäche von 8 m^2 beansprucht?

Antwort: ______________________

____

Gesamtfläche: ______________________

____

Fläche ohne Fahrwege:

____

Anzahl der Parkplätze:

____

•4 Ein $10\frac{1}{2}$ m langer Spielplatz hat eine Gesamtfläche von 212,1 m^2. Er soll um 111,1 m^2 vergrößert werden. Die Breite kann dabei nicht verändert werden.
Wie lang ist der vergrößerte Spielplatz?

Antwort: ______________________

____

Breite: ______________________

Fläche des vergrößerten Spielplatzes:

____

Neue Länge: ______________________

____

5 Zeichne Rechtecke mit der Seite a, die den Flächeninhalt A = 15 cm^2 haben.

a

a

3 Umfang von Rechtecken

1 Bestimme bei den Rechtecken die Seitenlängen durch Ausmessen mit dem Lineal und berechne dann jeweils Umfang und Flächeninhalt.

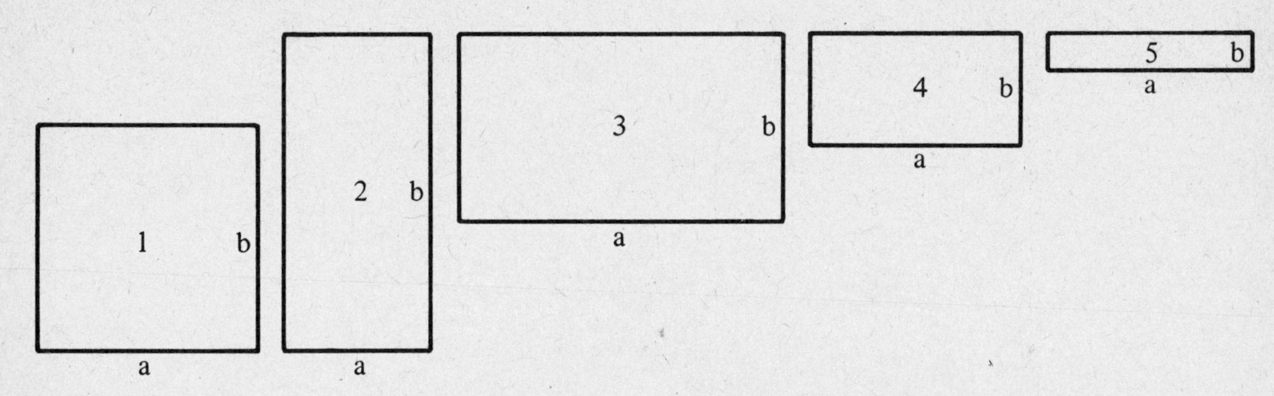

a = ________ a = ________ a = ________ a = ________ a = ________

b = ________ b = ________ b = ________ b = ________ b = ________

U = ________ U = ________ U = ________ U = ________ U = ________

A = ________ A = ________ A = ________ A = ________ A = ________

2 Berechne für die Rechtecke die fehlenden Angaben.

	a)	b)	c)	d)	•e)	•f)
a	1,09 m	18,2 cm		34 cm	356 mm	
b	11,4 m		$2\frac{3}{4}$ m	0,71 dm		$35\frac{1}{4}$ m
U		38,2 cm	36,5 m		16,66 dm	1295 dm

3 Die Außenlinien eines Fußballfeldes sollen neu gekreidet werden. Das Feld ist 110,5 m lang und 75,5 m breit.

a) Wieviel m muß Matthias mit seinem Kreidewagen ablaufen?

Antwort: ____________________

____

b) Rasen soll ausgesät werden. Pro m² benötigt man 70 g Samen. Wieviel g müssen gekauft werden? Berechne dazu erst den Flächeninhalt des Feldes.

Antwort: ____________________

____

a) Umfang des Feldes:

____

____

b) Flächeninhalt des Feldes:

____

____

Samen: ____________________

____

____

4 Melanie baut ein Kaninchengehege mit rechteckiger Grundfläche. Eine Seite ist 7,5 m lang. Für die Einzäunung benötigt sie $25\frac{1}{2}$ m Maschendraht.
Wie breit ist das Gehege?

Antwort: ______________________________

____

Gesamtlänge: ______________________________

doppelte Länge: ______________________________

doppelte Breite: ______________________________

Breite: ______________________________

5 Eine 1,25 m lange Tischdecke soll am Rand mit einer Borte verziert werden. Michael braucht dazu 3,24 m.
a) Wie breit ist die Decke?

Antwort: ______________________________

____

b) Wieviel m Borte hätte er kaufen müssen, wenn die Decke $\frac{3}{4}$ m breit wäre?

Antwort: ______________________________

____

____

____

____

____

____

____

____

4 Einheiten bei Rauminhalten

1 Verwandle in die angegebene Einheit.

a) $0{,}682\ m^3$ = __________ dm^3 b) $8400\ mm^3$ = __________ cm^3 c) $460\ cm^3$ = __________ mm^3

d) $4\frac{1}{2}\ cm^3$ = __________ mm^3 e) $10\frac{1}{4}\ m^3$ = __________ dm^3 f) $3\frac{1}{5}\ dm^3$ = __________ cm^3

•g) $0{,}02\ cm^3$ = __________ mm^3 •h) $\frac{1}{2}\ dm^3$ = __________ m^3 •i) $10{,}75\ cm^3$ = __________ dm^3

k) $2\ m^3\ 325\ dm^3$ = ____________________ dm^3 l) $5\ cm^3\ 12\ mm^3$ = ____________________ dm^3

m) $0{,}02\ m^3$ = ____________________ dm^3 n) $8496\ cm^3$ = ____________________ dm^3

•o) 4 l = __________ dm^3 •p) 85 hl = __________ dm^3 •q) 6,4 hl = __________ dm^3

2 Schreibe in der kleinsten und größten vorkommenden Einheit.

a) $2\ m^3\ 325\ dm^3$ = ____________________ dm^3 = ____________________ m^3

b) $13\ cm^3\ 26\ mm^3$ = ____________________ mm^3 = ____________________ cm^3

c) $27\ m^3\ 8\ dm^3$ = ____________________ dm^3 = ____________________ m^3

•d) $15\ dm^3\ 155\ mm^3$ = ____________________ mm^3 = ____________________ dm^3

•e) $3\ m^3\ 18\ cm^3$ = ____________________ cm^3 = ____________________ m^3

5 Rauminhalt von Quadern

1 Bestimme bei folgenden Quadern die fehlenden Seitenlängen durch Ausmessen mit dem Lineal, und berechne dann jeweils die Rauminhalte.

a) b) c)

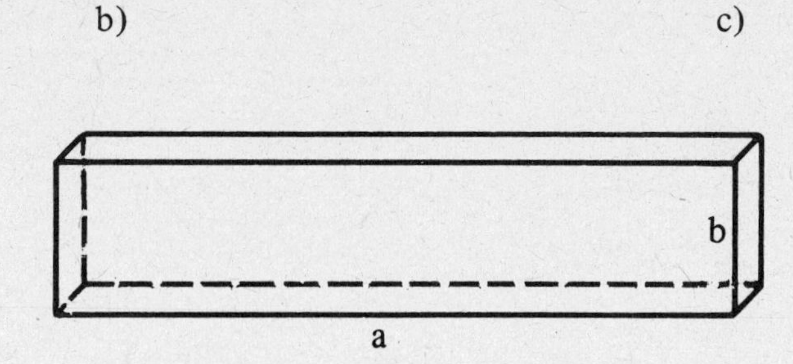

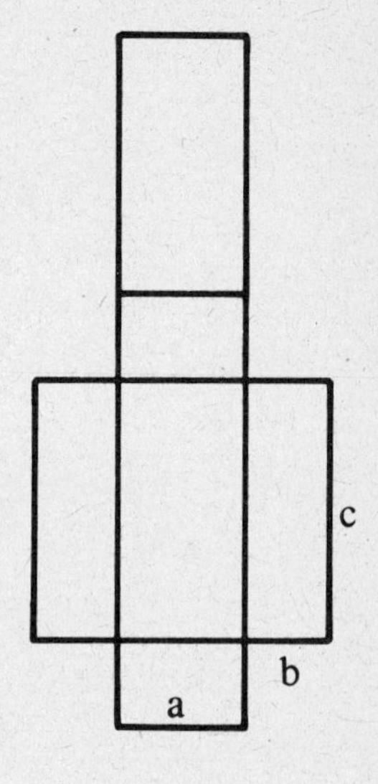

a)	b)	c)
a = ______	a = ______	a = ______
b = ______	b = ______	b = ______
c = 3,2 cm	c = 0,8 cm	c = ______
V = ______	V = ______	V = ______

2 Berechne den Rauminhalt V der Quader mit folgenden Kantenlängen:

a)	b)	c)	d)
a = 6,2 cm	a = 11 dm	a = 0,8 m	a = 3 mm
b = 0,7 cm	b = 1,1 dm	b = 3,2 m	b = 0,3 cm
c = 10 cm	c = 0,11 dm	c = 7 m	c = 3 cm
V = ______	V = ______	V = ______	V = ______

3 Vervollständige folgende Diagramme:

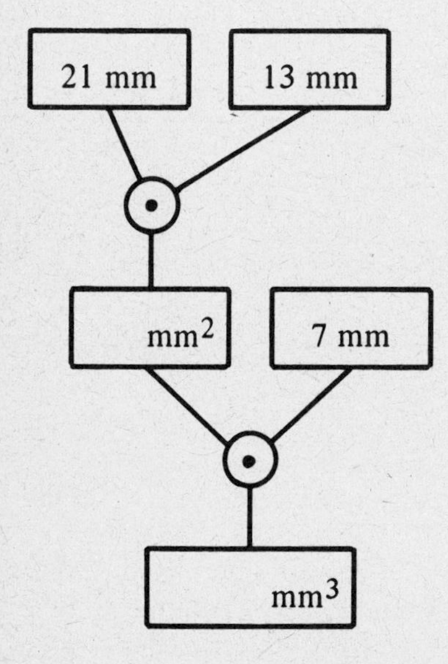

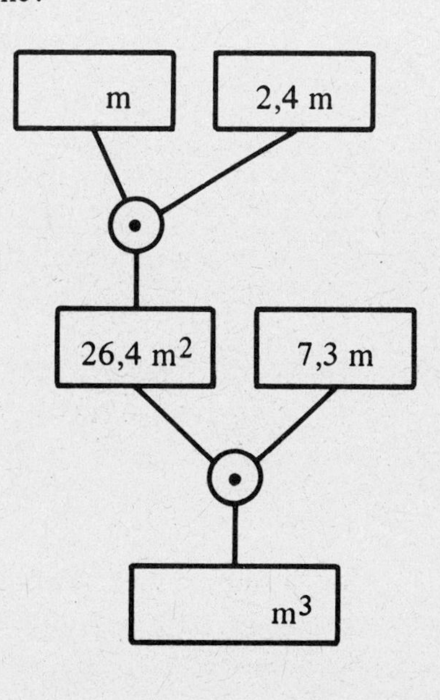

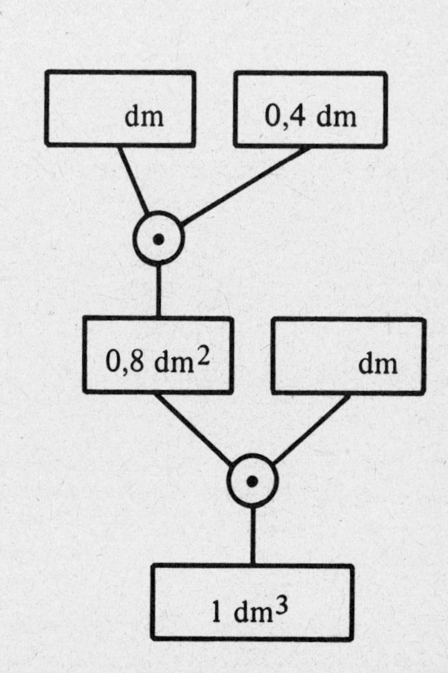

4 Ein Blumenkasten ist 1,20 m lang und 25 cm breit.
Wieviel dm^3 Blumenerde braucht man, um diesen Kasten 15 cm hoch zu füllen?

Platz für Rechnungen:

Antwort: ____________________

____

5 Das Lehrschwimmbecken einer Schule ist 25 m lang, $12\frac{1}{2}$ m breit und 1,75 m tief.
a) Wieviel m^3 Wasser faßt dieses Becken?

Antwort: ____________________

____

b) Nach den Ferien wird das Becken mit 375 m^3 Wasser gefüllt. Wie hoch ist der Wasserstand?
Antwort: ____________________

____

6 Zum Verlegen eines Kabels soll ein Graben ausgehoben werden (500 m lang, 33 cm breit, 75 cm tief).
a) Wieviel m^3 Erde müssen bewegt werden?

Antwort: ____________________

____

b) Wie viele Fuhren sind nötig, wenn 1 Lastwagen 2,75 m^3 Erde fortschafft?

Antwort: ____________________

____

7 Ein Saunatauchbecken hat eine quadratische Grundfläche mit der Seitenlänge 1,7 m. Es ist mit 4913 ℓ Wasser gefüllt.
a) Wie hoch ist der Wasserstand?

Antwort: ____________________

____

b) Wieviel hℓ Wasser faßt das Becken, wenn es 1,92 m tief ist?
Antwort: ____________________

____

6 Oberflächeninhalt von Quadern

1 a) Ergänze zu einer Abwicklung eines Quaders mit den Kantenlängen a = 2,3 cm, b = 3,5 cm, c = 1,7 cm.

a

b) Berechne den Oberflächeninhalt O:

O = ____________________

c) Berechne den Rauminhalt V:

V = ____________________

2 Berechne die fehlenden Angaben:

a) a = 0,4 cm
b = 1,5 cm
c = 1,3 cm

V = ________

O = ________

b) a = 2,8 m
b = 0,7 m
c = 3,1 m

V = ________

O = ________

c) a = 5 m
b = 16 dm
c = 0,3 m

V = ________

O = ________

d) a = 0,7 dm

b = 1,8 dm

c = ________

V = 3,15 dm^3

O = ________

e) a = 2,4 cm

b = ________

c = 1,7 cm

V = 2,04 cm^3

O = ________

•f) a = ________

b = 4 dm

c = 5 dm

V = ________

O = 148 dm^2

Platz für die Rechnungen:

7 Rechnen mit Inhalten

1 In einem Badezimmer (2,5 m breit, 4 m lang) sollen die Wände 1,50 m hoch gekachelt werden.
a) Zeichne eine Abwicklung der Wandfläche (nimm 1 cm für 1 m).

b) Wieviel m^2 sind zu kacheln, wenn für die Tür 1,5 m^2 von der Gesamtfläche abgezogen werden?
Antwort: ______________________________

____

c) Wie viele Kacheln müssen gekauft werden, wenn eine Kachel 20 cm × 20 cm groß ist?

Antwort: ______________________________

____

2 Ein Fußballfeld muß vom Schnee befreit werden. Es ist $110\frac{1}{2}$ m lang und 90 m breit. Der Schnee liegt 12 cm hoch.
a) Wieviel m^3 Schnee müssen geräumt werden?

Antwort: ______________________________

____

b) Wie oft muß der bestellte Lastwagen insgesamt fahren, wenn er 6,3 m^3 Schnee aufladen kann?
Antwort: ______________________________

____

•3 Susanne will einen offenen Karton (75 cm lang, 45 cm breit, 37 cm hoch) verkleinern. Sie schneidet ringsherum einen Streifen ab, so daß der Karton 12 cm niedriger wird.
a) Um wieviel cm^3 hat sich der Rauminhalt verringert?
Antwort: ______________________________

____

b) Um wieviel cm^2 hat sich der Oberflächeninhalt verändert?
Antwort: ______________________________

____